高等职业教育"十三五"规划教材

计算机应用基础

主　编　李乔凤　陈双双

副主编　王小源　普吉莉　郭晓琳

参　编　蒋　瑶　张瑜涵　周荣稳　周丽琴　刘　俊

　　　　杨金磊　杨易蒙

北京理工大学出版社

BEIJING INSTITUTE OF TECHNOLOGY PRESS

内 容 简 介

本书分为 7 章，以 Windows 7 为操作系统平台，以 Office 2010 为办公软件安排内容，内容包括计算机基础知识、电脑打字基础、Word 2010 文字处理软件、Excel 2010 电子表格软件、PowerPoint 2010 演示文稿制作软件、网络基础与应用、自媒体。本书为中职计算机应用基础课程教材，注重对中高职课程内容的衔接与创新，拓宽学生视野，激发学生学习兴趣。

图书在版编目（CIP）数据

计算机应用基础 / 李乔凤，陈双双主编. — 北京 ：北京理工大学出版社，2019.9
（2020.9 重印）
ISBN 978 – 7 – 5682 – 7584 – 2

Ⅰ.①计…　Ⅱ.①李…　②陈…　Ⅲ.①电子计算机 – 高等职业教育 – 教材
Ⅳ.①TP3

中国版本图书馆 CIP 数据核字（2019）第 206833 号

出版发行 / 北京理工大学出版社有限责任公司
社　　　址 / 北京市海淀区中关村南大街 5 号
邮　　　编 / 100081
电　　　话 / （010）68914775（总编室）
　　　　　　（010）82562903（教材售后服务热线）
　　　　　　（010）68948351（其他图书服务热线）
网　　　址 / http：//www.bitpress.com.cn
经　　　销 / 全国各地新华书店
印　　　刷 / 涿州市新华印刷有限公司
开　　　本 / 787 毫米 × 1092 毫米　1/16
印　　　张 / 17.75　　　　　　　　　　　　　　　　　　责任编辑 / 王玲玲
字　　　数 / 420 千字　　　　　　　　　　　　　　　　　文案编辑 / 王玲玲
版　　　次 / 2019 年 9 月第 1 版　2020 年 9 月第 3 次印刷　　责任校对 / 周瑞红
定　　　价 / 49.80 元　　　　　　　　　　　　　　　　　　责任印制 / 施胜娟

前　言

为贯彻《国家职业教育改革实施方案》精神，进一步推动新时代职业教育大改革、大发展，提高教学质量，本书编者在编写该教材时，注重课程内容与职业标准相对接、教学过程与生产过程相对接。根据产业转型升级对职业标准提出的新要求及产业发展和技能型人才的成长需求，将职业标准融入课程标准、课程内容设计与实施中，拓宽学生学习视野与激发学习兴趣。

全书强调实用性和操作性，突出对实践技能的培养，体现"做中学、学中做，学以致用"的教学理念。

本书是多位一线教师在多年教学一线的实践基础上，经过调研和多次讨论，依据职业教育规律和高技能复合型人才培养规律，全力以赴打造的教材。全书以 Windows 7 为操作系统平台，以 Office 2010 为办公软件安排内容，包括计算机基础知识、电脑打字基础、Windows 7 操作系统、Word 2010 文字处理软件、Excel 2010 电子表格软件、PowerPoint 2010 演示文稿制作软件、网络基础与应用、自媒体等内容，具有综合性、代表性和实用性等特点，与实际工作相联系，操作性强，内容具体，要求明确，文字简练，图文并茂，非常便于读者操作和理解。书中穿插知识链接和实例操作，对重要知识点和操作技巧进行补充。

第 1 章介绍了计算机的发展历程、计算机的软硬件系统组成和 Windows 7 系统的基本操作等内容。通过学习，学生能够识别计算机硬件并进行简单组装，会新建文件夹等 Windows 7 系统的基本操作，为后续章节学习奠定基础。

第 2 章介绍了电脑打字基础相关知识。旨在基于企业对人才的要求，在熟记键盘按键位置、标准手法等的情况下，灵活运用目前流行的输入法和技巧提高学生打字速度和正确率。

第 3 章介绍了 Word 的应用。通过学习，读者能够在 Word 中录入常用符号、特殊符号、时间日期，进行图文混排，设置艺术字、图片格式，制作和编辑表格，邮件合并等。本章的内容对读者适应办公岗位有极大的帮助。

第 4 章介绍了在 Excel 中录入文本、数据，分析和管理数据，运用公式与函数进行计算等方法。通过学习，读者能掌握在 Excel 中录入文本、数据的方法，公式与函数的用法，会对数据进行分析和管理，让学生自主发现问题、分析问题、解决问题，提高其综合能力。

第 5 章介绍了 PowerPoint 演示文稿相关知识。通过学习，读者能够利用 PowerPoint 制作演示文稿、美化演示文稿、添加演示文稿动画及放映演示文稿等，最终读者会制作出用于介绍自己、介绍公司的产品、展示自己的成果的图文并茂的演示文稿。

第 6 章介绍了网络的基础知识、Internet 的概述、网络信息的获取、电子邮件的管理和网络安全等内容。通过学习，读者能够了解网络基础知识的相关概念，会运用网络获取信息、管理电子邮件，能培养自身注重网络安全的习惯。

第 7 章介绍了自媒体相关知识。通过学习，读者能够了解自媒体的相关工具及媒体制作的基本技巧，熟悉现今比较流行的图形图像制作软件 Photoshop 和视频剪辑软件 Premiere 的

基本应用，能够对计算机相关专业知识和技能的学习产生浓厚的兴趣。

　　本书第1章和第2章由李乔凤、陈双双、郭晓琳、周荣稳、周丽琴、刘俊、杨金磊、杨易蒙编写，第3章由普吉莉编写，第4章由张瑜涵编写，第5章由蒋瑶编写，第6章和第7章由王小源编写。全书由李乔凤负责策划和统稿。

　　由于信息技术发展日新月异，软件版本更新频繁，加之编者水平有限，编写时间较为仓促，书中难免存在不足之处，恳请广大读者批评指正并提出宝贵意见。

编　者

CONTENTS 目录

第1章　计算机基础知识 ……………………………………………………… （1）

1.1　计算机的发展和应用 …………………………………………………… （1）

1.2　计算机的硬件系统 ……………………………………………………… （4）

1.3　计算机的软件系统 ……………………………………………………… （11）

1.4　Windows 7 的基本操作 ………………………………………………… （14）

1.5　管理文件与文件夹 ……………………………………………………… （22）

习题与实训 …………………………………………………………………… （28）

第2章　电脑打字基础 ………………………………………………………… （32）

2.1　熟悉键盘 ………………………………………………………………… （32）

2.2　文字录入软件介绍 ……………………………………………………… （34）

2.3　指法练习 ………………………………………………………………… （38）

2.4　英文录入 ………………………………………………………………… （40）

2.5　中文录入 ………………………………………………………………… （44）

2.6　速度练习 ………………………………………………………………… （50）

习题与实训 …………………………………………………………………… （51）

第3章　Word 2010 文字处理软件 ………………………………………… （55）

3.1　Office 2010 介绍 ………………………………………………………… （55）

3.2　Word 2010 工作界面介绍 ……………………………………………… （56）

3.3　Word 文档的基本操作 ………………………………………………… （62）

　　3.3.1　文本的输入 ……………………………………………………… （64）

　　3.3.2　文本的编辑 ……………………………………………………… （67）

3.4　文档的格式设置 ………………………………………………………… （72）

　　3.4.1　设置字符格式 …………………………………………………… （72）

　　3.4.2　设置段落格式 …………………………………………………… （76）

3.5　文档表格的应用 ………………………………………………………… （80）

　　3.5.1　表格的创建 ……………………………………………………… （81）

　　3.5.2　表格的编辑 ……………………………………………………… （82）

3.5.3 表格的美化 ……………………………………………………… （85）

3.6 文档的图文混排 …………………………………………………… （88）

3.7 页面设置与打印输出 ……………………………………………… （92）

3.8 邮件合并 …………………………………………………………… （98）

3.9 排版综合案例 ……………………………………………………… （102）

习题与实训 ……………………………………………………………… （105）

第 4 章 Excel 2010 电子表格软件 ……………………………………… （113）

4.1 Excel 2010 工作界面 ……………………………………………… （113）

4.1.1 基本概念 ……………………………………………………… （113）

4.1.2 启动与退出 …………………………………………………… （114）

4.1.3 Excel 2010 工作界面的组成 ………………………………… （115）

4.2 管理工作簿与工作表 ……………………………………………… （117）

4.2.1 创建工作簿 …………………………………………………… （117）

4.2.2 插入工作表 …………………………………………………… （117）

4.2.3 删除工作表 …………………………………………………… （118）

4.2.4 重命名工作表 ………………………………………………… （118）

4.2.5 移动或复制工作表 …………………………………………… （118）

4.2.6 保存工作簿 …………………………………………………… （119）

4.3 数据录入与编辑 …………………………………………………… （119）

4.3.1 在单元格中输入数据 ………………………………………… （119）

4.3.2 自动填充 ……………………………………………………… （120）

4.3.3 添加批注 ……………………………………………………… （122）

4.3.4 查找和替换 …………………………………………………… （122）

4.4 数据管理与分析 …………………………………………………… （125）

4.4.1 条件格式 ……………………………………………………… （125）

4.4.2 排序 …………………………………………………………… （125）

4.4.3 筛选 …………………………………………………………… （128）

4.4.4 分类汇总 ……………………………………………………… （130）

4.4.5 图表的应用 …………………………………………………… （132）

4.4.6 数据透视表 …………………………………………………… （136）

4.5 公式与函数 ………………………………………………………… （140）

4.5.1 公式 …………………………………………………………… （140）

4.5.2 函数 …………………………………………………………… （143）

4.6 打印设置 …………………………………………………………… （151）

习题与实训 ……………………………………………………………… （157）

第 5 章　PowerPoint 2010 演示文稿制作软件 ·································· （164）

5.1　PowerPoint 2010 简介 ·· （164）

　　5.1.1　启动与退出 PowerPoint 2010 ································ （164）

　　5.1.2　认识 PowerPoint 2010 工作界面 ···························· （165）

5.2　PowerPoint 2010 的基本操作 ·· （168）

　　5.2.1　创建演示文稿 ·· （168）

　　5.2.2　保存、打开演示文稿 ···································· （169）

　　5.2.3　添加、移动、删除幻灯片 ································ （171）

5.3　PowerPoint 2010 中的文本 ·· （172）

　　5.3.1　文本占位符 ·· （172）

　　5.3.2　文本框 ·· （172）

5.4　演示文稿中编辑媒体对象 ·· （174）

　　5.4.1　插入形状对象 ·· （174）

　　5.4.2　插入图片 ·· （175）

　　5.4.3　插入艺术字 ·· （177）

　　5.4.4　插入 SmartArt 图形 ····································· （181）

　　5.4.5　插入表格 ·· （183）

　　5.4.6　插入图表 ·· （185）

　　5.4.7　插入声音和视频 ·· （187）

5.5　设计与美化幻灯片 ·· （191）

　　5.5.1　演示文稿的主题 ·· （191）

　　5.5.2　幻灯片背景设置 ·· （192）

　　5.5.3　母版设置 ·· （196）

　　5.5.4　添加页眉页脚 ·· （199）

5.6　幻灯片中的动画设置与交互控制 ·· （199）

　　5.6.1　为幻灯片添加切换效果 ·································· （199）

　　5.6.2　为幻灯片上的对象添加动画效果 ·························· （202）

　　5.6.3　演示文稿中的交互控制 ·································· （209）

习题与实训 ·· （214）

第 6 章　网络基础与应用 ·· （216）

6.1　网络基础概述 ·· （216）

6.2　因特网（Internet）概述 ·· （219）

6.3　通过互联网获取信息 ·· （220）

6.4　管理电子邮件 ·· （235）

6.5　计算机网络安全 ·· （241）

习题与实训 ·· （246）

第7章 自媒体 ··· （249）

7.1 自媒体概述 ·· （249）

7.2 自媒体基本工具 ·· （252）

习题与实训 ·· （272）

参考文献 ·· （273）

第1章

<<<<<<

计算机基础知识

计算机（Computer），是人类 20 世纪最伟大的发明之一。从 1946 年第一台通用电子计算机 ENIAC 问世以来，随着计算机科学技术的飞速发展与计算机的普及，如今计算机已经深入人类社会的各个领域，如计算机在国防、农业、工业、教育、医疗等各个行业发挥着不可替代的作用。计算机已经融入人们的日常生活、工作、学习和娱乐中，成为不可或缺的工具。计算机和伴随它而来的计算机文化强烈地改变着人们的工作、学习和生活面貌。

掌握计算机的相关知识并熟练地用于办公，已经成为必不可少的基本技能。

1.1 计算机的发展和应用

一、计算机的发展

计算机不是凭空问世的，在计算工具的创造和发展方面，人类走过了漫长的历程。从远古时期到近代，人类的计算工具先后出现了手动计算工具、机械计算工具、机电计算工具，最后才发展到电子计算工具。人类的十根手指头很可能是最早的计算工具，十进制也许就是这样产生的。

新生的电子计算机需要人们用千百年来制造计算工具的经验和智慧赋予更合理的结构，从而使计算机获得更强的生命力，为人类发展提供强大的技术支持。

从 ENIAC 问世开始，人们一般根据计算机的主要构成即逻辑元件的不同，将其划分为 4 个阶段。

1. 第一代：电子管计算机（1946—1958 年）

这一代计算机具备如下特点：

（1）逻辑元件采用真空电子管和继电器，内存采用水银延迟线，外存采用纸带、卡片。

（2）计算机体积大，造价高，存储容量小，运算速度慢。

主要运用范围为科学计算、军事研究、人口普查，代表产品为 ENIAC、IBM 70X 系列。

知识链接

第二次世界大战中，美国宾夕法尼亚大学教授约翰·莫克利受美国陆军军械部的委托，为计算火炮的弹道和射击表启动了研制 ENIAC 的计划，此项目于 1946 年 2 月竣工。ENIAC 使用了 18 000 多个电子管、1 500 多个继电器、10 000 多个电容和 7 000 多个电阻，占地面积约 170 平方米，重达 30 吨，能完成每秒 5 000 次的加减法运算。ENIAC 显示了初等运算速度上的优越性，但仍有一些致命的缺点，如：存储容量小，至多能存储 80 个字节；程序是外插型的，为了进行几分钟的计算，连接各种开关和线路的准备工作就需要几个小时。

2. 第二代：晶体管计算机（1959—1964 年）

20 世纪的一项重大发明就是晶体管的问世，晶体管比电子管功耗少、体积小、质量小、可靠性好。第二代计算机的主要特点为：

（1）逻辑元件采用晶体管，内存采用磁芯存储器，外存采用磁盘。

（2）计算机体积减小，成本降低，存储容量扩大，运算速度每秒几十万次。

主要运用于科学计算、事务管理及工业控制，代表产品为 TRADIC、IBM 7000 系列。

3. 第三代：中小规模集成电路计算机（1965—1970 年）

20 世纪 60 年代初，美国的基尔比和诺伊斯发明了集成电路，集成电路是把多个电子元件器集中在几平方毫米的硅片上形成的逻辑电路。第三代计算机特点如下：

（1）逻辑元件采用小规模、中规模集成电路，内存采用半导体存储器，外存采用磁带或磁盘。

（2）计算机体积进一步减小，功能更强，可靠性更高，存储容量进一步扩大，运算速度为每秒几百万次。

主要运用范围为科学计算、管理和控制，代表产品为 NOVA、IBM System/360。

4. 第四代：大规模、超大规模集成电路计算机（1971 年至今）

由于大规模、超大规模集成电路的产生，计算机的体积可以变得很小，价格也更低，计算机也更为普及。第四代计算机的主要特点如下：

（1）逻辑元件采用大规模、超大规模集成电路，半导体存储器代替了磁芯存储器，使用光盘、U 盘、移动硬盘等存储设备。

（2）计算机制造和软件生产形成产业化，计算机网络运用也越来越普及。

其在各个行业均有运用，代表产品为微型计算机、网络计算机。

二、计算机的发展趋势及分类

在短短的几十年的时间里，计算机从笨重、昂贵、不稳定的特性发展成至今可信赖的、通用的特点，凝聚了无数科研工作者的智慧，计算机的发展也必将随着人类对智慧的不懈追求而不断发展。

1. 计算机的发展趋势

计算机的发展趋势可简单归结为如下几个方面：

（1）巨型化。巨型化是指发展高速度、大存储容量和强功能的超级巨型计算机。

（2）微型化。微型化主要是指计算机的体积进一步缩小和价格进一步降低。

（3）网络化。网络化主要是指将不同地点的计算机互联起来，实现资源的共享。

（4）智能化。智能化是指使计算机具有模拟人的感觉和思维过程的能力，使计算机成为智能计算机。

（5）多媒体。多媒体计算机就是利用计算机技术、通信技术和大众传播技术等来综合处理多种媒体信息的计算机。

此外，人们还在研制新型计算机，例如生物计算机和光计算机。尽管对新一代计算机的研究尚未有突破性进展，但可以肯定的是，新一代计算机的研制成功将为人类的发展带来质的飞跃。

2. 计算机的分类

计算机的种类其实很多，我们大部分人日常接触到的计算机都是微型机。按使用范围，可分为通用计算机和专用计算机；按规模，可分为巨型机、小巨型机、大型机、中型机、小型机、微型机、工作站和服务器。其中微型机又可分为台式机、笔记本、掌上电脑等，巨型机有"银河""曙光""天河"等。

三、计算机的应用

随着计算机的普及，计算机的应用已经渗透到各个领域。计算机的主要应用领域可归纳为以下几个方面：

1. 科学计算

科学计算是计算机应用最早的领域。计算量大，数值变化范围大。计算机的计算速度和高精度是任何其他工具都不能替代的。一些现代尖端科学技术的发展都是建立在计算机的基础之上的，如航天工程、气象预测、量子化学等。

2. 数据处理

数据包括文本、数字、图形图像、声音、视频等编码，计算机可加工、管理与操作任何形式的数据资料，如报表统计、物资管理、信息检索等。

3. 过程控制

过程控制是指利用计算机及时采集检测数据，按最佳值迅速地对控制对象进行自动控制或自动调节，例如对流水线的控制、对核反应堆的控制等。在日常生产中，计算机代替人完成那些烦琐的工作。

4. 人工智能

人工智能是近些年来出现的计算机技术，是指计算机模拟人的智能活动，如模拟人脑学习、判断、推理等过程，辅助人类进行决策。近几年计算机已具体应用于机器人、图像识

别、声音识别等。

5. 计算机辅助功能

计算机辅助功能主要有计算机辅助设计（CAD）、计算机辅助制造（CAM）、计算机辅助工程（CAE）、计算机辅助测试（CAT）等。计算机辅助工程是以计算机为工具，配备专用软件，辅助人们完成特定任务，节省了人力、财力、物力，从而也大大提高了工作效率。

6. 计算机网络

计算机技术与现代通信技术的结合构成了计算机网络，可将不同地点的计算机互联起来，从而实现硬件和软件及数据信息的资源共享。计算机网络的出现打破了地域的限制，改变了人们的生活方式。

1.2　计算机的硬件系统

一个完整的计算机系统由硬件系统和软件系统组成。计算机硬件系统是指组成计算机的各种物理设备的总称，是一些实实在在的有形实体。从功能的角度而言，一个完整的硬件系统包括五大功能部件，分别为运算器、控制器、存储器、输入设备和输出设备，这是按冯·诺依曼提出的体系结构划分的。其基本组成如图 1－1 所示。

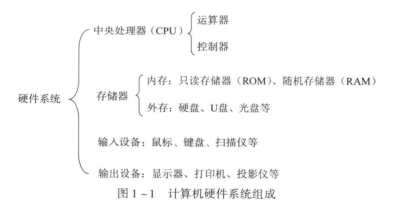

图 1－1　计算机硬件系统组成

1. 运算器

运算器负责数据的算术运算和逻辑运算，它接受控制器的控制，按照算术运算规则进行加、减、乘、除等运算，还能进行与、或、非等逻辑运算。运算器由算术逻辑部件、数据累加器、寄存器等部分组成。

2. 控制器

控制器负责提供控制信号，协调并控制各部分操作，是计算机的控制指挥中心。它能识别和翻译指令代码，安排操作的先后顺序，产生操作控制信号，保证计算机各个部件有条不紊地协同工作。

微机中运算器和控制器集成在一个超大规模集成电路芯片上，该芯片叫作中央处理器（Central Processing Unit，CPU）。图 1－2 所示为 Intel 公司的 CPU 外观。

3. 存储器

存储器用于存放数据信息和程序，是具有记忆功能的部件。存储器通常可分为内存储器（也称主存储器）和外存储器（也称辅助存储器）。

内存储器用于存放计算机正在运行的程序和数据，由半导体存储器构成，速度快，可直接与 CPU 交换数据，但容量小，价格高。其外观如图 1 - 3 所示。按照工作方式的不同，可分为随机存储器（RAM）和只读存储器（ROM）。

图 1 - 2　CPU　　　　　　　　　　　　　　图 1 - 3　内存条

RAM 中的数据可以随时读出和写入；断电后信息全部丢失。通常所讲的内存的大小即为 RAM 的大小。

ROM 中的数据只能读出，不能写入；断电后数据不会丢失。微机中 ROM 一般用来存放机器启动的系统程序，如 BIOS。

与内存相比，外存储器的速度相对慢些，但容量较大且价格较低，用作内存储器的后援，用于存放暂时不用的数据和程序。外存储器中的数据不能直接被运算器和控制器所访问，但它可和内存储器成批交换信息。现在常用的外存储器有硬盘、U 盘、光盘等，硬盘的外形如图 1 - 4 所示，U 盘的外形如图 1 - 5 所示。

图 1 - 4　硬盘　　　　　　　　　　　　　　图 1 - 5　U 盘

无论是外存储器还是内存储器，都有相应的存储容量，一个存储器所能容纳的总字节数称为存储器的容量，存储单位有位、字节和字。

位（bit）：表示一位二进制信息，可以存放 0 或者 1。位是计算机中存储信息的最小单位。

字节（Byte）：表示存储容量的基本单位是字节（B），由 8 个二进制位组成。表示存储容量的单位还有 KB、MB、GB、TB、PB、EP 等，它们的换算关系如下：

KB（千字节）：1 KB = 1 024 B

MB（兆字节）：1 MB = 1 024 KB

GB（吉字节）：1 GB = 1 024 MB

TB（太字节）：1 TB = 1 024 GB

PB（拍字节）：1 PB = 1 024 TB

EP（艾字节）：1 EB = 1 024 PB

其中 1 B = 8 bit，1 024 = 2^{10}。

字（word）：一个字通常由一个或多个字节构成，是处理信息的单位。计算机一次存取、加工和传送数据的长度称为字长。计算机的字长越长，其性能越好。

4. 输入设备

输入设备是指外界向计算机传送信息的装置，如键盘、鼠标等。其功能是将数据、程序等这些人们熟悉的形式转换成计算机能够识别的信息输入计算机内部。

（1）鼠标。要灵活使用 Windows，首先要学会使用鼠标。Windows 采用图形用户界面，使用鼠标可以快速地操作各种对象。如果没有鼠标，仅仅靠键盘热键，操作难度较大。图 1 - 6 所示为鼠标的外形。

图 1 - 6　鼠标

常见的鼠标接口类型有串行口、PS/2 接口、USB 接口。目前市场上较为常见的有光机式鼠标和光学式鼠标。

一般鼠标的操作有下列情形：

①指向：鼠标指针指向操作对象。在传统的操作风格中，鼠标指向动作往往是其他动作如单击、双击的先行动作。

②单击：指单击鼠标左键。一般在选择时使用，如要执行多项选择，可同时按住 Shift 键连续选择，按住 Ctrl 键不连续选择。

③右击：单击鼠标右键。一般用于弹出所选对象的快捷菜单。

④拖拽：选定对象后，按住鼠标左键的同时移动鼠标，可改变文字或文件的位置。

⑤双击：快速单击鼠标左键两次，一般用来执行命令。

⑥三击：连续、快速地单击鼠标左键三次，例如，在 Word 中可通过三击选定整篇文章。

⑦滚动：对于有小轮的鼠标，转动小轮可实现窗口内容的滚动。

Windows 中鼠标指针状态有多种，指针的形状一般情况下决定了指针的含义，见表 1－1。

表 1－1　鼠标指针的形状及含义

鼠标形状	含义	鼠标形状	含义
↖	标准选择	↔	调整水平大小
I	文字选择	↕	调整垂直大小
⌛	忙	↘	调整对角线 1
↖⌛	后台操作	↗	调整对角线 2
↖?	帮助选择	✛	移动

（2）键盘。键盘是用于操作设备运行的一种指令和数据输入装置。

键盘通常分为 4 个分区，分别为主键盘区、编辑键区、功能键区和小键盘键区。通过键盘可输入大小写英文字母、数字、汉字、标点符号等到计算机中。如图 1－7 所示。

图 1－7　键盘

常用键的功能见表 1－2。

表 1－2　常用键的功能

按键	功能
Shift	与上档字符键一起用，可输入上档字符
Ctrl + A	全选
Ctrl + C	复制
Ctrl + V	粘贴
Ctrl + Z	撤销
Alt + Tab	切换到下一次任务
Alt + F4	关闭当前运行的程序

按键	功能
Ctrl + X	剪切
F1	帮助
F10	将光标置于窗口菜单上
Space	产生空格
Backspace	删除光标左边的字符
Delete	删除光标右边的字符
Shift + Delete	不经过回收站直接删除选定的对象
CapsLock	大小写切换
Enter	回车键，命令确认，使光标移到下一段
NumLock	锁定小键盘
Esc	强行退出当前正在执行的程序
Insert	插入/改写状态切换键

（3）扫描仪。扫描仪是利用光电技术和数字处理技术，以扫描方式将图形或图像信息转换为数字信号的装置。它能够捕获图像并将其转换成计算机可以显示、编辑、存储和输出的数字信息。

影响扫描仪的技术指标有分辨率、灰度级、扫描速度、扫描幅面。扫描仪外形如图1-8所示。

图1-8　扫描仪

5. 输出设备

输出设备将计算机的数据信息传送到外部媒介，转化成人们认识的表现形式。如显示器、打印机、绘图仪、音箱等。

（1）显示器。显示器由监视器和显示控制适配器组成，是计算机的主要输出设备。可以分为 CRT（阴极射线管）、LCD（液晶显示器）、LED（发光二极管显示器）等多种类型。它是一种将一定的电子文件通过特定的传输设备显示到屏幕上再反射到人眼的显示工具。显示器外形如图 1 – 9 所示。

图 1 – 9　显示器

　　显示器的主要技术指标有尺寸、点距、分辨率、刷新频率等。

　　尺寸：如 14 寸、15 寸、17 寸等。

　　点距：指屏幕上相邻两个同色点的距离。点距越小，在单位显示区内就可以显示更多的像点，图像就越清晰。

　　分辨率：指屏幕能显示像素的数目。像素是可以显示的最小单位。分辨率越高，则像素越多，能显示的图形就越清晰。一般显示器的分辨率有 800 × 600、640 × 480、1 024 × 768 等。

　　刷新频率：指每秒钟内屏幕画面刷新的次数。刷新频率越高，画面闪烁的幅度越小，通常是 75 ~ 90 Hz。

　　（2）打印机。打印机是计算机的输出设备之一，用于将计算机的运算结果或中间结果以人所能识别的数字、字母、符号和图形等信息显示，依照规定的格式印在纸上的设备。打印机正向轻、薄、短、小、低功耗、高速度和智能化方向发展。

　　打印机的种类有针式打印机（色带）、喷墨打印机（墨盒）、激光打印机（墨粉）。

　　衡量打印机质量的技术指标为分辨率、速度、噪声。

　　打印机的外形如图 1 – 10 所示。

图 1 – 10　打印机

（3）绘图仪。绘图仪是一种能根据计算机的信息自动绘制图形的设备。主要可绘制各种图表和统计图、建筑设计图、电路布线图、机械图与计算机辅助设计图等。绘图仪是各种计算机辅助设计不可缺少的工具。

绘图仪的种类很多，按结构和工作原理可以分为滚筒式和平台式两大类。

绘图仪的性能指标主要有绘图笔数、图纸尺寸、分辨率、接口形式及绘图语言等。

绘图仪外形如图 1 – 11 所示。

图 1 – 11　绘图仪

（4）音箱。音箱是将音频信号变换为声音的一种设备。随着多媒体技术的发展和普及，音箱成为一种必不可少的声音输出设备。音箱的物理模型是在一块无限大的刚性障板上开一个孔并安装扬声器。按箱体结构来分，可分为密封式音箱、倒相式音箱、迷宫式音箱、声波管式音箱和多腔谐振式音箱等；按箱体材质来分，分为木质音箱、塑料音箱、金属材质音箱等。

音箱的主要性能指标有频率响应、额定阻抗、功率、灵敏度、指向性、失真、信噪比。

音箱外形如图 1 – 12 所示。

图 1 – 12　音箱

在计算机系统中，各部件是通过总线连接起来的。总线是计算机各个部件之间传输信息的公共通信线路，可分为数据总线、地址总线和控制总线。总线在计算机硬件上的体现即为主板，图 1 – 13 所示为鹰捷主板。

图 1 – 13　主板

1.3　计算机的软件系统

只有硬件没有装任何软件的计算机称为裸机。裸机是无法按人们的意图进行自动工作的，要使计算机能正常工作，必须装有相应的软件。计算机软件系统是程序、数据和相关文档的总称，是计算机的灵魂。硬件系统和软件系统相互依存，共同组成可用的计算机系统。

一般把软件分为系统软件和应用软件两大类，其基本组成如图 1 –14 所示。

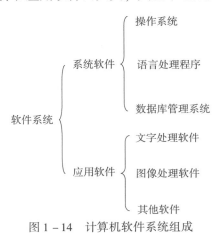

图 1 –14　计算机软件系统组成

1. 系统软件

系统软件通常是指管理、监控和维护计算机资源（包括硬件资源与软件资源）的一种软件。一般由厂家提供给用户。常用的系统软件有操作系统、程序设计语言、数据库管理系统、网络管理软件等。

操作系统是最重要、最核心的系统软件，可对计算机软、硬件资源进行调度和分配。常见的操作系统有 Windows 系列（如 Windows XP、Windows 7 等）、Linux 系列、DOS 等。

语言处理程序是人与计算机交流信息的语言工具。如 C/C++、Java 等。

数据库管理系统是对计算机中所存储的大量数据进行组织、管理、查询并提供一定处理功能的大型系统软件。如 SQL Server、Oracle 等。

2. 应用软件

应用软件是指计算机用户在各自的业务领域中开发和使用的解决各种实际问题的程序。常用的应用软件可以根据其应用领域分为很多类，例如，针对文字处理的软件 Word、WPS 等；图像制作软件 Photoshop、CorelDraw 等；动画制作软件 Flash、3ds Max 等。

实训：安装 Microsoft Office 2010

实训目标

◎掌握一般应用软件的安装方法
◎能在安装软件过程中进行相应的设置
◎学会设置安装路径

实施步骤

工具原料：Office 安装包。

步骤 1：单击"setup. exe"启动安装，如图 1 - 15 所示。

步骤 2：开始安装。

开始安装后，会出现许可协议界面，勾选"我接受此协议的条款"，并单击"继续"按钮，如图 1 - 16 所示。

图 1 - 15　安装
程序图标

步骤 3：立即安装。

弹出"选择所需的安装"界面，如果对 Office 没有特别的需要或者特别定制的需求，建议直接选择"立即安装"选项，如图 1 - 17 所示。

步骤 4：单击"立即安装"按钮后程序开始自动进行安装，图 1 - 18 所示为"安装进度"界面。

步骤 5：等待一段时间之后，Office 2010 就完成安装了，如图 1 - 19 所示。

注意：在安装完成之后，一般需要对 Office 2010 进行注册激活后才能使用 Office 的全部功能。

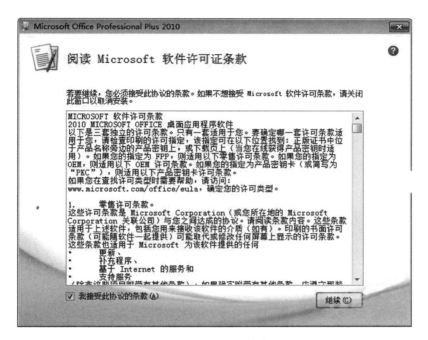

图 1 - 16 许可证条款

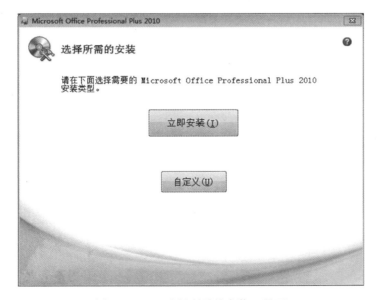

图 1 - 17 "选择所需的安装"界面

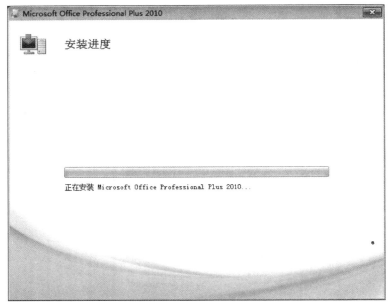

图 1-18　"安装进度"界面

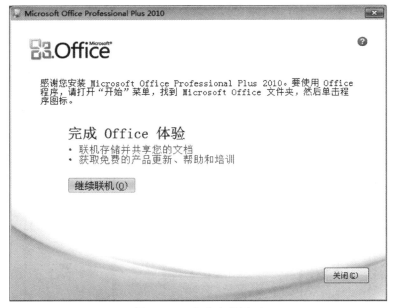

图 1-19　完成安装界面

1.4　Windows 7 的基本操作

操作系统（Operating System，OS）是对计算机的全部硬件和软件资源进行统一管理、协调和分配的管理者和组织者。其是计算机系统中必不可少的系统软件，基本任务有两个：一是对系统资源进行管理、协调和分配；二是担任用户与计算机的接口。

在计算机的发展历程中出现了不少操作系统，如 DOS、Mac OS、Windows、Linux、UNIX 等，其中最为普遍的是 Windows。

从 1985 年微软宣布 Windows 1.0 的诞生到如今的 Windows 10，短短的 30 多年时间，Windows 经历了从低级到高级的发展过程，操作越来越方便，功能越来越强大，成为当今操作系统领域之最。下面就当今社会使用率较高的几个 Windows 版本进行简单介绍。

一、较为常用的 Windows 版本

1. Windows XP

Windows XP 于 2001 年 8 月 24 日正式发布，XP 是英文单词 Experience 的缩写，是体验的意思，指 Windows XP 能为广大用户带来全新的数字化体验。该系统运行非常可靠、稳定；用户界面也焕然一新，用户使用起来得心应手。此外，它还优化了多媒体应用的相关功能，内建了严格的安全机制，增加了防盗的功能。

2. Windows 7

Windows 7 于 2009 年 10 月 22 日正式推出。它主要的版本有初级版（Starter）、家庭基础版（Home Basic）、家庭高级版（Home Premium）、专业版（Professional）、企业版（Enterprise）、旗舰版（Ultimate）。Windows 7 的设计主要围绕五个重点——针对笔记本电脑的特有设计、基于应用服务的设计、用户的个性化设计、视听娱乐的优化、用户易用性的新引擎。

Windows 7 的特点主要表现为更易用、更简单、更安全、成本更低、连接更好。Windows 7 做了许多方便用户的设计，如快速最大化、窗口半屏显示、跳转列表、系统故障快速修复等，使用信息更加简单、查找更便捷、安全性更高，用户体验更直观。

3. Windows 10

Windows 10 是美国微软公司研发的跨平台及设备应用的操作系统。Windows 10 新增的 Windows Hello 功能带来了一系列对生物识别技术的支持。除了常见的指纹扫描之外，还能通过面部或虹膜扫描登录。此外，Windows 10 提供了针对触屏设备优化的功能，同时还提供了专门的平板电脑模式。

二、Windows 7 的桌面

桌面是用户登录 Windows 7 操作系统后的界面，是用户与计算机交流的入口。桌面由任务栏、桌面图标和桌面背景构成。任务栏如图 1 - 20 所示。

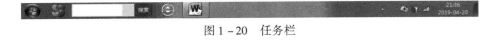

图 1 - 20　任务栏

1. 任务栏

任务栏位于桌面的最下方，从左到右依次为"开始"按钮、活动任务区、通知区域。"开始"按钮位于屏幕的左下方，将鼠标停留在按钮上，会出现"开始"的提示文字。单击它会弹出"开始"菜单。

单击"开始"按钮，在弹出的菜单中选择"所有程序"，即可看到计算机里安装的各种应用程序，如图1-21所示。下面来了解一下"附件"和"小工具库"。

（1）附件。"附件"中包含了记事本、写字板、计算器、画图等多个附件程序，如图1-22所示。

图1-21 所有程序   图1-22 附件

①记事本与写字板。

记事本是一个基本的文本编辑器，扩展名为.txt。用户可用它来编辑简单的文档。此外，它还有记事功能。图1-23所示为"记事本"窗口。

写字板也是一个文本处理程序，功能与记事本的类似，区别在于它比记事本有更强的格式编辑功能。图1-24所示为"写字板"窗口。写字板的扩展名为.rtf。

②画图。画图程序是一种绘图工具，可以用来创建、打印、存储和处理图形，并可以将它们保存成多种格式的图形文件，使用方便、灵活。图1-25所示为"画图"窗口。

③计算器。Windows 7系统的计算器比传统的计算器功能上要强大许多，打开"计算器"窗口后，单击"查看"菜单，系统提供了标准型、科学型、程序员型、统计信息四种模式，下面还有基本、单位转换、日期计算、工作表四种功能。图1-26所示为"计算器"程序员型基本窗口。

图 1 – 23 "记事本"窗口

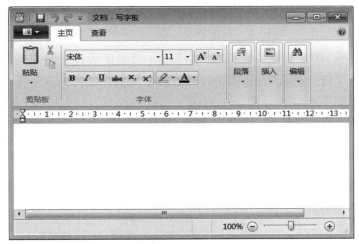

图 1 – 24 "写字板"窗口

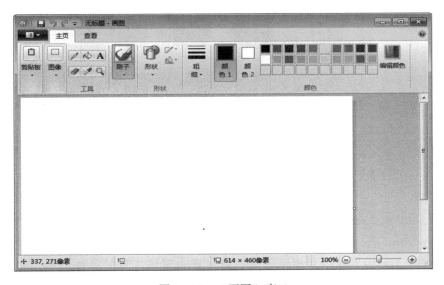

图 1 – 25 "画图"窗口

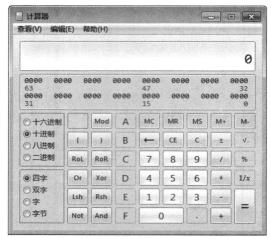

图 1-26　"计算器"程序员型基本窗口

单击"科学型"，各种数学计算符号一应俱全；"程序员型"进制换算十分简单，用户可一键完成；点开"统计信息"，可以进行计数、平均数、求和、方差等一些基本的统计学计算；选择"标准型"模式，在功能中选择"单位转换"，可对功率、角度、面积、能量、时间、速率、体积、温度、压力、长度、重量/质量进行换算。

（2）Windows 7 桌面小工具。

在 Windows 7 中，新的小工具不仅能够实时显示来自网络或用户电脑中的信息，也可以给用户带来各种各样的便利和休闲娱乐功能。在桌面上单击右键，即可选择"小工具"菜单，打开"小工具"界面，如图 1-27 所示。

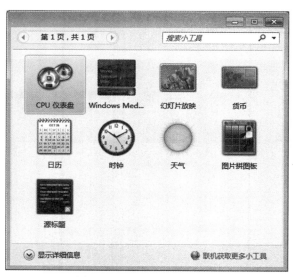

图 1-27　"小工具"界面

选中某个小工具后，单击"显示详细信息"来查看该工具的具体信息。如果用户喜欢某个小工具，可以把它放置到桌面上。有两种方法：①直接拖动到桌面上；②单击右键，然后单击"添加"命令。

2. 桌面图标

图标是用来代表文件、程序等的图形。用户桌面上的图标可能有所不同,这与计算机的设置有关。图标和窗口是程序存在于桌面的两种状态。

桌面上最常见有计算机、回收站和其他应用程序的快捷方式图标。

计算机图标包含了代表用户计算机内置资源的各种对象。利用"计算机"图标可以浏览计算机磁盘的内容、进行文件管理工作、更改计算机的软硬件配置和管理打印机等。

回收站用来暂时存放被用户删除的文件等对象。Windows 7 通过"回收站"统一管理删除的文件。用户在 Windows 7 中删除的文件能够在"回收站"中找到,在需要的时候,用户可以将几天前甚至几周前删除的文件恢复。

3. 桌面背景

打开计算机并进入 Windows 界面后便可看见桌面背景,在背景上右击,在弹出的快捷菜单中选择"个性化",如图 1-28 所示,由此打开个性化界面,如图 1-29 所示,进而可以对桌面背景、窗口颜色、屏幕保护、桌面图标进行设置。

图 1-28　"个性化"菜单

图 1-29　"个性化"设置窗口

三、Windows 7 的基本操作

1. 窗口组成与操作

(1) 窗口的组成。

窗口是指用于查看应用程序和文档信息的一块矩形区域,一般由标题栏、菜单栏、工具

栏、地址栏、状态栏、工作区、工具按钮、搜索框、导航窗格、滚动条等几部分组成。Windows 的窗口可让用户方便地管理和搜索文件。图 1 – 30 所示为"计算机"窗口。

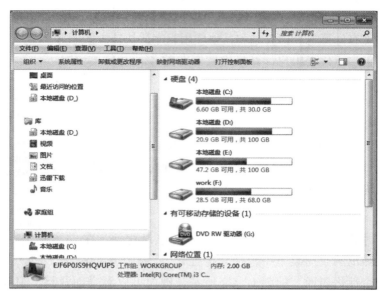

图 1 – 30　"计算机"窗口

①标题栏：用于显示程序或窗口的名称。向下还原状态时，用户可用鼠标拖动标题栏移动窗口的位置。右侧有"最大化/还原""最小化""关闭"按钮。单击相应的按钮可进行窗口最大化/还原、最小化和关闭操作。

"最大化"按钮用于将窗口放大到整个屏幕。此后"最大化"按钮将转换为"还原"按钮。

"最小化"按钮用于将窗口缩小成标题的形式显示在任务栏上。

"关闭"按钮可将当前窗口关闭，结束程序运行。

②菜单栏：显示程序的菜单项。Windows 7 操作系统的组织方式发生了很大的变化，一些功能被直接作为顶级菜单而置于工具栏上，如新建文件夹功能。要显示传统菜单栏，则需勾选"组织"里面的"布局"菜单项。

③工具栏：默认位于菜单栏的下方，由方便用户操作的按钮组成。

④工作区：窗口的内部区域，用于显示或处理各工作对象的信息。

⑤状态栏：位于窗口的下方，一般用于显示当前操作的状态。

⑥窗口边框：用鼠标拖拉窗口周围的 4 条边可改变窗口的大小。

⑦滚动条：当窗口工作区容纳不下窗口中要显示的信息时，滚动条才出现在窗口的右侧或下方。利用窗口的滚动功能可以使用户通过有限大小的窗口查看大量的信息。

⑧搜索框：在窗口的右上角可输入任何要查询的内容。

（2）窗口的基本操作。

①打开窗口。双击图标或者右击图标，在出现的快捷菜单上选择"打开"命令。

②移动窗口。将鼠标指针移至窗口的标题栏，按住鼠标左键拖动即可。

③使用滚动条。当窗口被缩放得太小，无法容纳其中的全部信息时，滚动条才出现在窗口的右侧或下方。使用滚动条的操作有如下几种：

➤单击垂直滚动条上下的滚动箭头，窗口中的内容向上或向下滚动。

➤单击水平滚动条左右的滚动箭头，窗口中的内容向左或向右滚动。

➤单击垂直滚动条下方的空白处，窗口中的内容向下滚动一屏。

➤单击水平滚动条右边的空白处，窗口中的内容向右滚动一屏。

④改变窗口大小。通过用鼠标拖拉窗口的边框来实现。

⑤窗口的排列。右击任务栏的空白区，可从弹出的快捷菜单中选择层叠窗口、堆叠显示窗口、并排显示窗口，如图1-31所示。

⑥退出窗口。一般情况下，窗口的退出可通过以下几种方法来实现：

➤双击菜单控制按钮。

➤单击菜单控制按钮，在弹出的控制菜单中选择"关闭"命令。

➤单击窗口的"关闭"按钮。

➤通过应用程序中的菜单命令退出。

值得注意的是，对话框也是一种窗口，但对话框的大小是固定的。

2. 菜单及其约定

菜单是计算机中以文字样式呈现的功能列表，图1-32所示为桌面右键菜单，图1-33所示为"查看"菜单。

图1-31 任务栏处右键弹出菜单

图1-32 桌面右键菜单

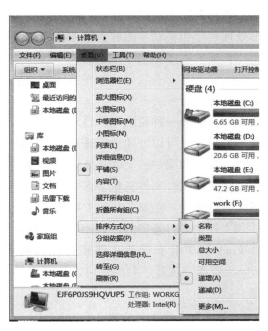

图1-33 "查看"菜单

（1）菜单的约定。

①深色显示的菜单命令表示当前命令可用。

②灰色显示的菜单命令表示当前命令不可用。

③命令后有组合键，则为选择此命令的快捷键，即不打开菜单时可用此组合键选择该命令。

④命令后有省略号，选择此命令将弹出一个对话框。

⑤命令后有向右的箭头，选择此命令将弹出一个新的菜单。

（2）打开菜单。

①使用鼠标打开。

②按 Alt 或 F10 键后，用方向键移动高亮条。

（3）关闭菜单。

①使用鼠标单击菜单外的任意部位。

②按 Alt 或 F10 键取消高亮条。

1.5　管理文件与文件夹

1. 文件与文件夹的概念

文件是指按一定格式存储在计算机外部存储器中的相关信息的集合，是操作系统中的基本存储单位。文件有数据文件和程序文件两种类型，数据文件一般必须和一定的程序文件相关联才能起作用。如图形数据文件必须和一个图形处理程序相关联才能看到图像，声音数据文件必须和一个声音播放程序相关联才能播放声音。每个文件都被赋予一个主文件名，并且属于一种特定的类型，这种类型用扩展名来标识。

文件夹的另一种说法叫作目录，是系统组织和管理文件的一种形式，可以方便地管理成千上万的文件，方便用户查找、管理和维护。文件夹既可以包含文件，也可以包含下一级文件夹。文件夹包含多个下一级子文件，以树状的形式进行管理。在 Windows 7 系统中就是以树形结构对文件和文件夹进行管理的，如图 1-34 所示。

Windows 7 用于管理文件和文件夹的工具实际上是 Windows 资源管理器，利用它可以显示文件及文件的相关信息。

2. 文件与文件夹的命名

（1）文件及文件夹的命名规则。

①格式：文件名由主文件名和扩展名两部分组成，其

图 1-34　文件夹的树形结构

中间用句点"."分隔。用户可通过扩展名的不同来区分文件的类型。书写格式为"主文件名.扩展名",如 Readme.txt 和 ABC.docx。

知识链接

有些文件的扩展名是隐藏的,但并不代表该文件就没有扩展名,单击窗口菜单栏中的"工具"→"文件夹选项",如图 1-35 所示,将"查看"选项卡中的"隐藏已知文件类型的扩展名"的钩去掉,才能显示文件的扩展名,如图 1-36 所示。

图 1-35 "文件夹选项"菜单

图 1-36 "查看"选项卡

②文件或文件夹名称最多可以由 255 个或 127 个汉字组成,或者混合使用字符、汉字、数字甚至空格。

③文件或文件夹名称中不可以用?、*、/、\、"、<、>、| 这些符号。

④文件名或文件夹名不区分大小写。如 ABC.docx 与 abc.docx 是同名文件,同名文件不可以存放在同一目录下。

(2)文件的扩展名。

文件的类型一般由扩展名来区分,主要帮助用户记忆文件内容和用途。文件可以使用多个分隔符命名,如 my.computer.book.docx,它由四部分组成,最后一部分是扩展名,前面三部分为主文件名。表 1 - 3 列出了一些常见的文件扩展名及其含义。

表 1 - 3 常见的文件扩展名及其含义

扩展名	含义
txt	文本文件
doc、docx	文档文件，一般是 Word 字处理软件使用的存储数据文件
xls、xlsx	Excel 工作簿文件，是 Excel 电子表格使用的存储数据文件
exe	可执行文件，可直接运行
jpg、gif、png、bmp	图形图像文件
ppt、pptx	PowerPoint 相关文件
zip、rar	压缩文件
com	系统命令文件
dwg	CAD 图形文件，用 AutoCAD 等软件打开
html	超文本文件，Web 文件
pdf	PDF 阅读器和编辑器文件
swf	Flash 动画发布文件

（3）盘符、路径与文件标识符。

①盘符：计算机通常配有一个或多个磁盘驱动器，每个驱动器都有一个名称。例如，一个硬盘分区的编号为 C、D、E、F，则该硬盘有 4 个分区。

②路径：即一个文件在磁盘中的具体位置，该位置由一组文件夹名表示，称为路径。文件夹名之间用" \ "分隔。

③文件标识符：由盘符、路径、文件名组成，用于准确标识一个文件的符号。例如，文件 my. docx 存放在"计算机"中的 N 盘下的"documents"文件夹中，则该文件的标识符可表示成 N：\documents\my. docx。

3. 文件与文件夹的管理

在中文 Windows 7 中，对文件和文件夹的管理操作一般可分为选定、打开、建立、查找、复制、移动、重命名、删除等。通过这些操作可以有效地管理任一磁盘上的所有文件。

（1）创建文件和文件夹。

选定要创建文件夹或文件的目标位置，在"文件"菜单上选择"新建"，然后单击"文件夹"或选择要建的文件类型，如图 1 - 37 所示。也可以在空白工作区单击鼠标右键，在弹出的菜单中选择"新建"→"文件夹"。

（2）选定文件或文件夹。

①单个选定：单击文件图标。

图 1 - 37 使用"文件"菜单创建文件或文件夹

②连续选定：先单击要选定的第 1 个文件，按住 Shift 键，再单击要选定的最后一个文件，这样就可完成连续选定。

③不连续选定：先单击要选定的第 1 个文件，按住 Ctrl 键，再单击要选定的各个文件。

④取消选定：在当前窗口的空白区域单击，就可以取消选定。

⑤全部选定：执行"编辑"菜单下的"全部选定"命令，或按下 Ctrl + A 组合键。

（3）搜索文件或文件夹。

Windows 7 中的搜索功能与系统高度集成，在各个角落都可看到"搜索"的身影。图 1 - 38 中圈住的区域为 Windows 7 的搜索框。

可搜索的对象涵盖日常生活的方方面面，包括按名称、位置、修改日期或者按特定的类型等。这种全局性的搜索对于用户的日常操作具有非常重要的意义。

知识链接

当用户记不住全部文件名时，只要文件名中包含数字或文字，运用 Windows 7 的搜索功能就能搜索到含有该字的文件和文件夹。如果想提高准确率和速度，就进入相应的盘符或文件夹中进行搜索，速度和准确率会大大提升。

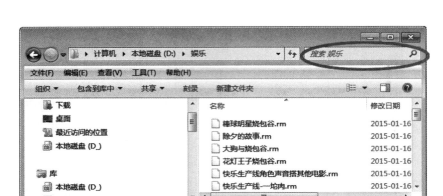

图 1 - 38　搜索框

（4）复制文件和文件夹。

复制文件或文件夹是指创建一个与源文件或源文件夹相同的文件或文件夹。一般可通过鼠标和命令两种方式来实现。

①使用鼠标。

选定要复制的文件或文件夹，按住 Ctrl 键并拖动到目标位置。但是如果要将文件复制到另一驱动器上，则拖动时无须按住 Ctrl 键。

②使用命令。

选定要复制的文件或文件夹，执行"编辑"菜单中的"复制"命令。再选定目标驱动器或文件夹，执行"编辑"菜单中的"粘贴"命令即可将文件复制到指定的位置。当然，在工作区空白处右击，执行"复制"或"粘贴"命令也可以得到同样的效果。

此时如果要取消复制操作，可执行"编辑"菜单中的"撤销"命令。

另外，还可使用 Ctrl + C 组合键进行复制，使用 Ctrl + V 组合键进行粘贴。

（5）删除文件。

在选定了要删除的一个或一组文件后，可通过下列操作之一来实现文件的删除操作：

①按键盘的 Delete 键。

②选择"文件"菜单中的"删除"命令。

③在选定要删除的对象上单击鼠标右键，从弹出的快捷菜单中选择"删除"命令。

④单击工具栏上的"删除"按钮。

操作实施后，屏幕上会出现删除对话框。如果真要删除，可以单击"是"按钮；如果不打算删除，可以单击"否"按钮取消删除操作。

在 Windows 7 中，以上所述的文件删除操作不是真正的删除，而仅是将被删除的文件放到系统"回收站"中，在需要时可以恢复。但是，对 U 盘、移动硬盘、光盘中文件的删除则是真正的删除，不可恢复。

①恢复删除。

对于删除后放入"回收站"中的文件，可以将它们恢复到原来的位置。具体方法是：打开"回收站"，在"回收站"窗口中选中要恢复的一个或一组文件，执行"文件"菜单中的"还原"命令，即可将文件恢复到原来的位置。

②永久删除。

在对文件进行删除操作时，若先按住 Shift 键，再执行删除操作，则屏幕上会出现永久删除对话框，单击"是"按钮就可以将所选定的文件从磁盘中真正永久地删除。

对于删除后放入系统"回收站"中的文件，对它们再次执行删除命令则可将它们从磁盘中真正删除。

文件的删除也可以通过将文件的图标拖放到"回收站"来实现。如果拖放时按住了 Shift 键，则该文件将从计算机中永久删除，而不是保存在"回收站"中。

（6）移动。

①使用鼠标。

选定要移动的文件或文件夹，按住 Shift 键并拖动到目标驱动器或文件夹。同一驱动器上则不必使用 Shift 键。

②使用命令。

选定要移动的文件，执行"编辑"菜单中的"剪切"命令或工具栏中的"剪切"命令。再选定目标驱动器或文件夹，执行"编辑"菜单中的"粘贴"命令即可将文件移动到指定的位置。当然，在工作区空白处右击，执行"剪切"或"粘贴"命令也可以得到同样的效果。

注意：移动文件是指文件从原位置上消失，而出现在新位置上；复制文件是指原位置的文件仍然保留，在新位置创建原文件的备份。

（7）重命名。

选定要重命名的文件或文件夹，单击右键，在弹出的快捷菜单中选择"重命名"命令，然后输入新名称即可；或从"文件"菜单中选择"重命名"。

（8）设置文件或文件夹属性。

选定文件或文件夹，单击鼠标右键，在弹出的快捷菜单中选择"属性"命令，打开"属性"对话框，如图 1-39 所示。

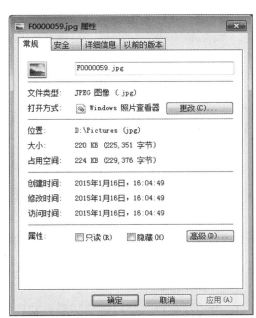

图 1-39 "属性"对话框

（9）设置文件快捷方式。

设置快捷方式包括设置桌面快捷方式和设置快捷键两种。设置桌面快捷方式就是在桌面上建立各种应用程序、文件、文件夹、打印机等快捷方式图标，通过双击快捷方式图标即可快速打开该文件。设置快捷键就是设置各种应用程序、文件、文件夹、打印机等快捷键，通过按该快捷键可以快速打开该内容。

①设置桌面快捷方式。

选定要创建桌面快捷方式的对象，右击，在弹出的快捷菜单中选择"发送到桌面快捷方式"命令。

②设置快捷键。

右击要设置快捷键的对象，在弹出的快捷菜单中选择"属性"命令，在打开的"属性"对话框中选择"快捷方式"选项卡，然后进行相应的设置，如图 1-40 所示。

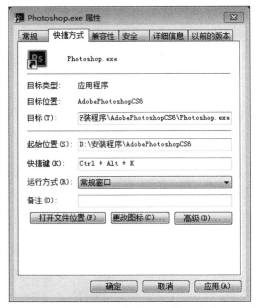

图 1-40　"属性"对话框中的"快捷方式"选项卡

知识链接|

快捷方式和快捷键都不能改变各种应用程序、文件、文件夹、打印机在计算机中的位置，删除、移动或重命名快捷方式或快捷键都不会影响原有的项目。

习题与实训

一、单项选择题

1. 电子计算机之所以能够实现自动连续运算，是由于采用了（　　）原理。

A. 集成电路　　　　　B. 布尔逻辑　　　　　C. 存储程序　　　　　D. 数字电路

2. 计算机中用于存储和传输信息的最小单位是 （　　　）。

A. 字　　　　　　　　　　B. 字节　　　　　　　　　C. 二进制位　　　　　D. ASCII 字符

3. 计算机中，中央处理器是由 （　　　）组成的。

A. 控制器和主存储器　　　　　　　　　　B. CPU 与输入/输出接口

C. 控制器、运算器和寄存器　　　　　　　D. 主机与外设

4. 一台微型计算机的字长为 4 个字节，它表示 （　　　）。

A. 能处理的字符串最多为 4 个 ASCII 码字符

B. 在 CPU 中作为一个整体能传送处理的二进制代码为 32 位

C. 在 CPU 中运算的结果为 8^{32}

D. 能处理的数值最大为 4 位十进制

5. 打印机属于 （　　　）设备。

A. 存储　　　　　　　　B. 输出　　　　　　　　　C. 输入　　　　　　　D. 输入/输出

6. 计算机在运行时突然断电，（　　　）中的信息将会丢失。

A. ROM　　　　　　　B. 磁盘　　　　　　　　　C. CD – ROM　　　　　D. RAM

7. 下列内、外存储器中，存取速度快慢顺序正确的是 （　　　）。

A. 光盘→内存→硬盘→软盘　　　　　　　B. 内存→硬盘→光盘→软盘

C. 内存→光盘→硬盘→软盘　　　　　　　D. 光盘→内存→软盘→硬盘

8. 通常 2 B 是指 （　　　）。

A. 8 个二进制位　　　　　　　　　　　　B. 16 个二进制位

C. 1 024 个字节　　　　　　　　　　　　D. 4 个二进制位

9. 内存容量的基本单位是 （　　　）。

A. 二进制位　　　　　　　　　　　　　　B. 字节

C. 字长　　　　　　　　　　　　　　　　D. 视机器型号而定

10. 为了提高显示器清晰度，应选择 （　　　）较高的显示器。

A. 外观美观　　　　　　B. 对比度　　　　　　　　C. 分辨率　　　　　　D. 亮度

11. CAT 是计算机应用领域之一，其含义是 （　　　）。

A. 计算机辅助教学　　　　　　　　　　　B. 计算机辅助测试

C. 计算机辅助制造　　　　　　　　　　　D. 计算机辅助设计

12. 某工厂使用计算机控制生产过程，这是计算机在 （　　　）方面的应用。

A. 科学计算　　　　　　B. 过程控制　　　　　　　C. 信息处理　　　　　D. 智能模拟

13. 下列设备中，属于输出设备的是 （　　　）。

A. 键盘　　　　　　　　B. 鼠标　　　　　　　　　C.　扫描仪　　　　　　D. 显示器

14. Windows 7 操作系统是 （　　　）。

A. 单用户单任务系统　　　　　　　　　　B. 单用户多任务系统

C. 多用户多任务系统　　　　　　　　　　D. 多用户单任务系统

15. 文件的 （　　　）属性可以使文件只能读而不能写。

A. 存档　　　　　　　　B. 系统　　　　　　　　　C. 隐藏　　　　　　　D. 只读

16. 当一个应用程序窗口被最小化后，该应用程序将（　　）。

A. 被暂停执行　　　　　　　　　　　　B. 继续执行

C. 被转入后台执行　　　　　　　　　　D. 被终止执行

17. 若想直接删除文件或文件夹，而不将其放入"回收站"中，可在拖到"回收站"时按住（　　）键。

A. Alt　　　　　　　B. Shift　　　　　　C. Ctrl　　　　　　D. Delete

18. 在不同的运行着的应用程序间切换，可以利用快捷键（　　）。

A. Alt + Esc　　　　　　　　　　　　B. Ctrl + Esc

C. Alt + Tab　　　　　　　　　　　　D. Ctrl + Shift

19. 不能在任务栏内进行的操作是（　　）。

A. 排列桌面图标　　　　　　　　　　　B. 排列和切换窗口

C. 快捷启动应用程序　　　　　　　　　D. 设置系统日期和时间

20. 下列关于"回收站"的叙述中，错误的是（　　）。

A. "回收站"可以暂时存放硬盘上被删除的东西

B. 放入"回收站"的信息可以被恢复

C. "回收站"所占据的空间是可以调整的

D. "回收站"可以存放 U 盘上被删除的信息

21. 在 Windows 7 应用程序的某一菜单命令后，单击该菜单右边的"…"，（　　）将会出现。

A. 对话框　　　　　　　　　　　　　　B. 级联菜单

C. 下一级菜单　　　　　　　　　　　　D. 下一个窗口

22. 若屏幕上同时显示多个窗口，可以根据窗口中（　　）栏的颜色深浅来判断它是否为当前窗口。

A. 菜单　　　　　　B. 工作区　　　　　　C. 状态　　　　　　D. 标题

23. 在 Windows 下，各应用程序之间的信息交换是通过（　　）实现的。

A. 复制　　　　　　B. 剪切　　　　　　C. 剪贴板　　　　　　D. 粘贴

24. 在 Windows 下进行任何操作，均可以按（　　）键获得联机帮助。

A. Esc　　　　　　B. Alt　　　　　　C. F1　　　　　　D. Home

25. 在 Windows 7 中，如果将当前窗口复制到剪贴板中，应使用（　　）键。

A. PrintScreen　　　　　　　　　　　B. Ctrl + PrintScreen

C. Shift + PrintScreen　　　　　　　　D. Alt + PrintScreen

26. 如果要移动 Windows 中的窗口，可用（　　）。

A. 鼠标拖动窗口的四个角　　　　　　　B. 鼠标拖动窗口的空白工作区

C. 鼠标拖动窗口的标题　　　　　　　　D. 鼠标拖动窗口的任何位置

二、填空题

1. 目前普遍使用的微型计算机属于第＿＿＿＿代计算机，其元件采用了＿＿＿＿电路技术。

2. 计算机系统包括_____系统及_____系统。

3. 通常可把软件分成两大类，即_____和_____。

4. CAD 是指_____，CPU 是指_____。

5. 计算机中的运算器具有_____运算和_____运算的能力。

6. 在计算机内部，数字、字符、各种文字等信息用_____表示。

7. 1 GB 等于_____KB。

8. 磁盘中存取信息的最小单位是_____。

9. 计算机硬件通常由_____、_____、_____、输入设备和输出设备五大部分组成。

10. 文件名最长可达_____个字符。

11. 在 Windows 下操作时，如果要将选定的文档复制到剪贴板，可按 Ctrl +_____组合键。

12. 如果要将剪贴板中的信息粘贴到文档中，可按 Ctrl +_____组合键。

三、操作题

1. 在老师给出安装包的情况下，自己动手安装 3 个应用软件，如格式工厂、QQ 聊天软件、Photoshop。

2. 在桌面上新建文件夹，并以自己的名字命名。

3. 打开刚才建立的文件夹，在里面建立新的文本文档，以 ABC.txt 命名，打开该文件，在里面输入当前时间日期，例如 22:28 2019/4/29，保存文件并关闭窗口。

4. 使用计算器计算十进制数 128 转换成二进制数是多少。

第2章

电脑打字基础

电脑打字技术是计算机操作的一项基本技术，主要包括英文输入技术和中文输入技术。掌握电脑打字技术已经成为21世纪人才必备的一项工作能力，也是信息化社会的需求。要想达到较高的文字录入速度水平，必须要对键盘操作熟练，也需要建立信心、保持毅力。

本章主要介绍电脑打字的方法和技巧，包括熟悉键盘、中英文录入和速度练习。

2.1　熟悉键盘

键盘是电脑最重要的输入工具之一，想要快速地输入文字，首先要熟悉键盘结构和指法规则。

计算机键盘一般可分为功能键区、主键盘区、编辑键区和小键盘区。各区的划分如图 2 - 1 所示。

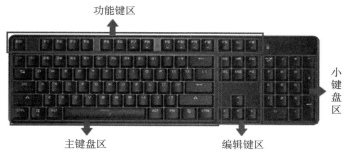

功能键区

小
键
盘
区

主键盘区　　　　编辑键区

图 2 - 1　键盘分区

1. 功能键区

功能键区由 Esc 键与 F1 ~ F12 键组成，一共有 13 个键。这些键可以提供一些快捷操作，也可以与其他键组合起来使用。

Esc：取消键或退出键。在应用程序中，该键一般用来退出某一操作或取消正在执行的命令。

F1：在一个选定的程序中按下 F1 键，会弹出帮助对话框。如果不是处在某一程序中，而是处在资源管理器或桌面，那么按下 F1 键就会出现 Windows 的帮助程序。

F2：按下 F2 键会对所选定的文件或文件夹进行重命名。

F3：如果搜索某个文件夹中的文件，那么直接按下 F3 键就能快速打开搜索窗口，并且搜索范围已经默认设置为该文件夹。

F4：用这个键可打开 IE 中的地址栏列表，可以用 Alt + F4 组合键关闭当前窗口。

F5：刷新键，用来刷新 IE 或资源管理器中当前所在窗口的内容。

F6：可以快速在资源管理器及 IE 中定位到地址栏。

F7：在 Windows 中没有任何作用，在 DOS 窗口中可显示最近使用过的一些 DOS 命令。

F8：在启动电脑时，可以用来显示启动菜单。有些电脑还可以在电脑启动最初按下这个键来快速调出启动设置菜单，从中可以快速选择是从光盘启动还是从硬盘启动。

F9：在 Windows 中没有任何作用。但在 Windows Media Player 中可以用来快速降低音量。

F10：该键用来激活 Windows 或程序中的菜单，按下 Shift + F10 组合键会出现右键快捷菜单。在 Windows Media Player 中，它的功能是提高音量。

F11：可以使当前的资源管理器或 IE 变为全屏显示，使菜单栏消失，也可恢复。

F12：在 Windows 中同样没有任何作用。但在 Word 中按下此键，会弹出"另存为"对话框。

2. 主键盘区

主键盘区由数字键、符号键、字母键和控制键组成。

（1）数字键与符号键。

数字键与符号键共有 21 个，由于每个键上都有上档符和下档符，因此属于双字符键。按下数字键或符号键的同时按住 Shift 键，会在电脑中输入上档符号。例如，输入符号"?"时，需同时按下 Shift 键和? 键。

（2）字母键。

字母键共有 26 个，键盘上标有 A ~ Z 大写字母，使用这些按键也可输入小写字母。大小写字母的切换可通过 CapsLock 键来完成。

知识链接

输入汉字时，须切换成小写状态，如果在输入中文时想快速切换成英文字母输入状态，可按 Shift 键。

（3）控制键。

Tab 是跳格键或叫制表键，可以向右跳动 8 个字符。

CapsLock 键是大小写字母的转换键，该键所对应的指示灯亮为大写，灯灭是小写。

Backspace 键是退格键，可以删除光标前边的内容。

Shift 键也叫上档键，要输入一个键上面的符号时，必须按此键。

Ctrl 键和 Alt 键不单独使用。

键盘上最长的叫"空格键"，按此键一次，光标向右移动一个空格。

还有像田字格的键叫微软徽标键，相当于电脑左下角的开始按钮。

3. 编辑键区

编辑键区常用的有上、下、左、右四个方向键，可使光标或选中的图形向四个方向移动。

Home 键和 End 键分别是起始键和终点键，可使光标移至行首和行尾。

编辑键区最常用的是 Delete 键，主要用于删除光标后面的内容。

4. 小键盘区

这里面一个重要的键就是 NumLock 键，即数字锁定键，键盘右上角灯亮时，数字键才可以正常使用。小键盘区主要由 0 ~ 9 这 10 个数字键和 +、-、*、/四个运算符键组成。如果想在电脑中快速录入数字且没有字母和符号的干扰，可右手控制该键盘区来快速地输入。图 2 - 2 所示为小键盘区。

图 2 - 2　小键盘区

2.2　文字录入软件介绍

想要练好文字录入速度和准确性，离不开打字软件的支持。目前市场上推出了不少练习打字的软件，例如有金山打字通、五笔打字通、QR 网络打字比赛系统、打字精灵、圆圆打字高手等。

1. 金山打字通

金山打字通采用过关斩将形式，让初学者可以循序渐进地从零开始学习打字。打字首先要做的是熟悉各个按键在键盘上的分布情况，金山打字通细致地指导用户逐渐地掌握这些基础内容。其不限于键位掌握，还指导用户正确的打字姿势。等练习者逐渐掌握基础知识后再提升难度，帮助其提升打字速度和打字正确率。

2. 五笔打字通

五笔打字通是一款专为学习五笔输入法的人设计的练习软件，它的设计"傻瓜化"，不用看说明文档就可以进行操作。五笔打字通跟其他五笔打字练习软件最大的不同在于它提供了强大的帮助功能，让学习五笔输入法的难度下降了，而效率却提高了。

3. QR 网络打字比赛系统

QR 网络打字比赛系统是 QQREC 推出的一款打字比赛软件，适用于政府机关、企事业单位、学校、公司进行打字练习和比赛。系统使用了 Asp + Access + JavaScript 等技术，采用 B/S 架构，只要在架设有 IIS 的服务器（或者其他支持 Asp 的服务器）上简易设置好系统，其他电脑通过浏览器就可以进行打字练习或者比赛了。系统可以实时记录每次练习成绩和比赛成绩，及时进行比赛排名，使用方便。软件特色：第一，完全免费，配置简单；第二，采用的是 B/S 架构，使用 Asp 编程，用 IIS 架设好网站后就可以用了，客户端不需要另外安装软件；第三，打字时能够实时给出拼音字根和五笔字根提示；第四，记录每次练习和比赛的成绩，并对比赛进行排名；第五，支持对账号批量导入；第六，通过此系统可以有效地组织打字练习和比赛。

4. 打字精灵

打字精灵是无偿下载使用的纯绿色软件，支持 Windows 上所有的输入法（如"五笔""拼音"等），对五笔输入法可进行"字根""简码""全码""词语""文章"练习等。对键盘可进行"字母""符号""小键盘""自定义"练习，也可分手指分阶段练习。"中英文篇章"练习可自行升级文章，还有"打开文件""自由录入"等。多用户方式有自己的排行榜，还有全部用户的总排行榜。内设"管理员"进行管理。在练习与测试中提供了非常全面的统计，成绩的保存与否由自己决定，还可导出文件打印，有完备的帮助系统和打字教程。

5. 圆圆打字高手

圆圆打字高手是一款功能丰富的电脑打字练习软件，该软件支持指法练习、五笔打字、拼音打字、英文打字及打字游戏等多种打字练习方式为一体，可帮助电脑打字速度慢的用户练习打字速度。

实训：安装金山打字通 2016

实训目标

◉能够安装打字练习软件
◉掌握打字练习软件安装的要点
◉学会更改软件安装的路径

实施步骤

工具原料：金山打字通 2016 安装包。

步骤 1：选择安装程序图标。

双击"typeeasy"可执行程序图标，如图 2 - 3 所示。

步骤 2：开始安装。

图 2 - 3　金山打字通安装程序图标

开始安装后，会出现"欢迎使用'金山打字通 2016'安装向导"界面，单击"下一步"按钮，如图 2 - 4 所示。

步骤 3：进入"许可证协议"界面。

在阅读完协议之后单击"我接受"按钮，如图 2 - 5 所示。

步骤 4：安装附带的 WPS Office 软件。

界面跳转到"WPS Office 教育版"，如果需要附带安装 WPS Office，可在图 2 - 6 所示的框内打上钩，再单击"下一步"按钮。

图 2 – 4　安装向导

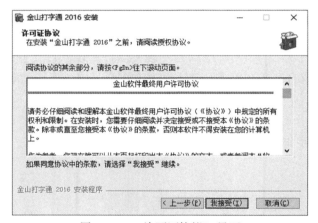

图 2 – 5　"许可证协议"界面

图 2 – 6　"WPS Office 教育版"界面

步骤 5：修改安装路径。

进入"选择安装位置"界面，此时软件默认安装的位置是在 C 盘。由于 C 盘通常是安装操作系统程序的地方，一般所分的存储空间比较小，因此经常会将一些应用程序安装在别的磁盘里。

单击"浏览"按钮即可打开"浏览文件夹"对话框，可选择相应的磁盘来安装该软件，比如这里选择 E 盘，再单击"确定"按钮，如图 2 - 7 所示。

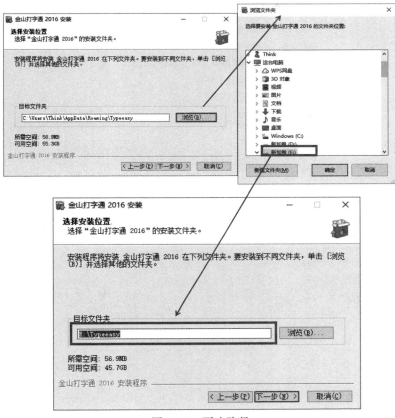

图 2 - 7　更改路径

步骤 6：安装。

此时单击"下一步"按钮可进入"选择'开始菜单'文件夹"界面，再单击"安装"按钮即可弹出安装进程对话框，如图 2 - 8 所示。进程结束后，系统会打开"软件精选"对话框，如果不想安装别的软件，须将这些软件前面框内的钩去掉，如图 2 - 9 所示。

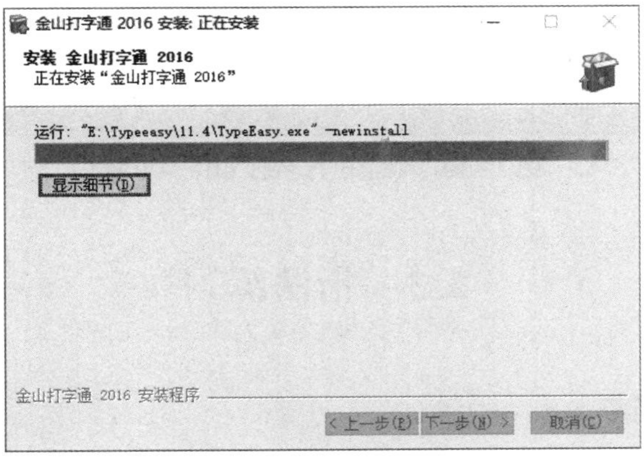

图 2 - 8　安装进程对话框

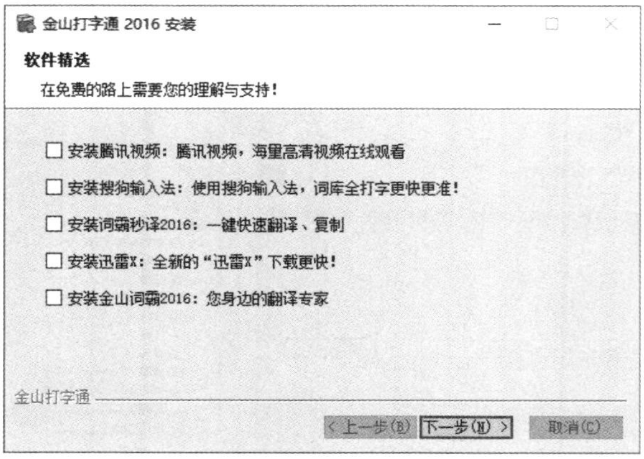

图 2-9 去掉"软件精选"中所有复选框内的钩

步骤 7：安装完成。

最后单击"完成"按钮即可进入"金山打字通 2016"界面，如图 2-10 所示。

图 2-10 "金山打字通 2016"界面

2.3 指法练习

一、正确的打字姿势

有人认为打字的姿势不重要，但如果以不正确的姿势持久打字，必然导致腰酸背痛。打字的正确姿势及习惯有以下几个要点。

（1）将显示屏和键盘放在正前方，保持上身正直，弯腰驼背易造成腰酸背痛。

（2）手肘应有支撑，不悬于空中。小臂伸出时与上臂约呈90°，必要时调整座椅高度及身体与键盘的距离。

（3）脚应平放在地板或脚垫上。

（4）手指自然弯曲，放松，切勿紧绷。

（5）打字时轻击键盘，不要用力过度，以免损坏按键。

二、手指位置分配

1. 主键盘区指位分配

有效的打字方法需要十指并用，其中拇指只负责空格键，其他八根指则依次轻轻落在A、S、D、F和J、K、L、；这8个基准键上，如图2-11所示。

图2-11　基准键

打字时双手都有明确的分工，如图2-12所示，只有按照正确的手指分工打字，才能实现盲打和提高打字速度。

图2-12　十指分工

左右手的食指负责最多的字母键，而左右手的小指虽然运用很不灵活，但负责的总按键数却最多。因此，在练习打字时，需要下苦功夫。

2. 小键盘区指法

如果所从事的工作需要经常输入大量的数字，则熟练使用小键盘可以大大提高工作效率。小键盘区只用到 4 个手指头，指位分配如图 2-13 所示。

食指(右手)　中指(右手)　无名指(右手)　小指(右手)

图 2-13　小键盘指位分配

2.4　英文录入

打字练习要循序渐进，不能盲目图快。练习英文录入有助于熟悉指法，掌握对字母键和符号键的控制。刚开始的时候可练习单词，之后再练习句子甚至整篇文章。

打开"金山打字通 2016"软件，单击"英文打字"按钮，如图 2-14 所示。

图 2-14　"英文打字"按钮

进入"英文打字"界面后，可选择相应的练习模块，如图 2-15 所示。

图 2-15　"英文打字"练习模块

1. 单词练习

根据循序渐进的原则可先选择"单词练习"，进入练习界面，在窗口的右上角单击"课程选择"下拉菜单，可选择相应的课程进行练习，如图 2-16 所示。

图 2 - 16   "课程选择"下拉菜单

2. 语句练习

英文打字的第二关为"语句练习",练习的内容是一些最常用的英语口语,如图 2 - 17 所示。

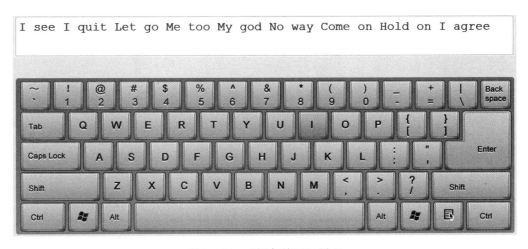

图 2 - 17   "语句练习"界面

3. 文章练习

可以利用"文章练习"模块训练打字速度。图 2 - 18 所示为"The story of atlanta"的练习文章。

实际上,除了可以选择软件默认的文章进行练习外,还可以自定义课程来练习。方法为:打开"课程选择"下拉菜单,选择"自定义课程",单击"立即添加"命令即可打开如图 2 - 19 所示的对话框。

可在该对话框中直接输入或复制内容,然后单击"保存"按钮保存文章。此外,该对话框右上角处有"导入 txt 文章"命令，使用此命令可以导入电脑中 txt 格式文件的文字。

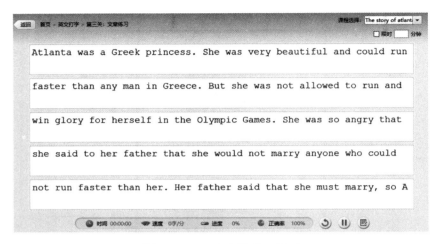

图 2 - 18　"文章练习"界面

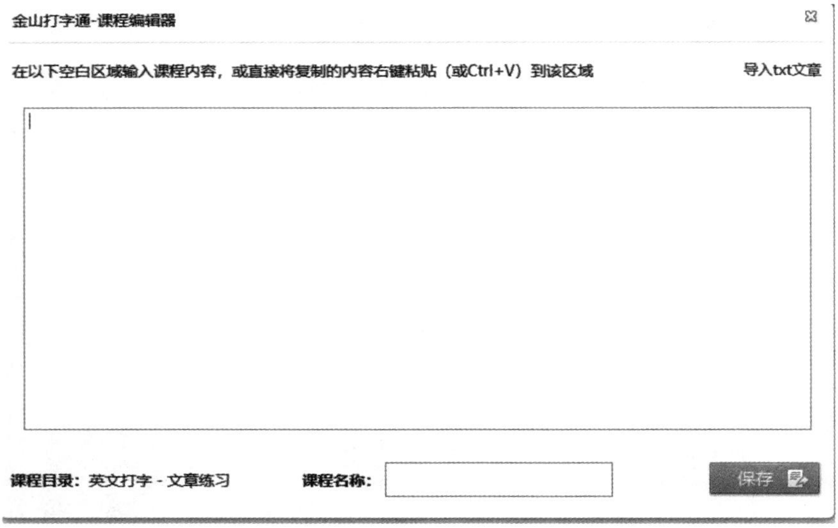

图 2 - 19　"课程编辑器"界面

实训一：练习单词的录入

实训目标

⊙ 掌握正确的打字姿势
⊙ 锻炼使用键盘的指法

实施步骤

工具原料：已经安装好的"金山打字通2016"软件。

步骤1：打开软件，选择模块。

打开"金山打字通2016"软件，进入"英文打字"模块中的"单词练习"组，在"课程选择"中选择"最常用单词"菜单，开始练习。注意观察窗口下方的正确率和进度。

步骤2：练习初中英语单词。

进入"英文打字"模块中的"单词练习"组，在"课程选择"中选择"初中英语单词"菜单，开始练习。练习时注意观察窗口下方的速度、进度和正确率。

步骤3：练习大学英语单词。

进入"英文打字"模块中的"单词练习"组，在"课程选择"中选择"大学英语单词"菜单，即可进入练习窗口。相比常用英语单词，大学英语单词字母数量偏多，字母重复率较高，容易出错，因此打字时要小心谨慎。

实训二：练习英文文章的录入

实训目标

◉掌握正确的手指位置分配
◉锻炼触觉打字法
◉进行自定义课程练习

实施步骤

工具原料："金山打字通2016"软件。

步骤1：打开软件，选择模块。

打开"金山打字通2016"软件，进入"英文打字"模块中的"文章练习"组，在"课程选择"中选择任一文章进行练习，注意手指分配情况和盲打时的正确率。

步骤2：自定义课程。

进入"英文打字"模块中的"文章练习"组，在"课程选择"下拉菜单中选择"自定义课程"菜单，单击窗口左上方的"添加"下拉菜单，选择"批量添加"，此时会打开"请选择您需要导入的课程文件"对话框，如图2-20所示，选择文章所存放的路径。

步骤3：选择自定义课程中的文章。

将文章导入"金山打字通2016"软件之后，在"自定义课程"中选择导入的课程，如"Stay focused"，即可开始练习。练习时注意观察窗口下方的速度、进度和正确率。

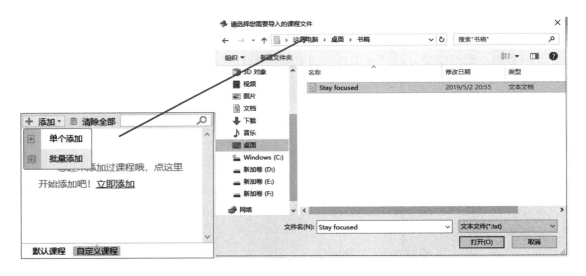

图 2 – 20　在"自定义课程"中添加文章

2.5　中文录入

如果说英文打字练习在于锻炼对键盘键位的记忆,那么中文打字的难度会稍微高一些,因为汉字的输入一般有两种方式:音码和形码。音码输入要求打字人员掌握拼音的拼写规则、汉字的读音及一些同音字,而形码输入要求掌握汉字的书写笔画。

一个打字高手通常需要具备一些技能:第一,要把手指按照分工放在正确的键位上;第二,有意识地记忆键盘各个字符的位置,逐步养成不看键盘打字的习惯,学会盲打;第三,集中注意力,做到手、脑、眼协调一致,尽量避免边看原稿边看键盘;第四,初学打字时速度慢,但也要保证手指分工的正确性。

一、切换输入法

中文打字时,常用的输入法有五笔输入法、智能 ABC 输入法、全拼输入法、微软拼音输入法、搜狗输入法、谷歌输入法等。

切换输入法的方法:

①使用 Ctrl + Shift 组合键切换各种输入法,当然,前提是电脑已经安装了多种输入法。

②单击任务栏上的语言布局指示器 En 图标,在弹出的所有已安装的输入法中选择需要的输入法即可。

知识链接

除了上面提到的快捷键切换输入法的方法外,使用 Ctrl + Space 组合键可对中英文输入法进行切换,使用 Ctrl + . 可对中英文标点进行切换,使用 Shift + Space 组合键可对半角、全角进行切换。

二、输入法介绍

1. 拼音输入法

该输入法用汉字的拼音字母作为汉字代码。除了用键盘 v 键代替韵母 ü 以外，没有特殊规定，只要按照汉语拼音输入即可。

单字录入：例如，要打"单"字，只需键入"dan"，在弹出的候选框中选择即可。如果发现候选框中无"单"字，可按键盘上的 + 键或用鼠标单击候选框右侧的下拉菜单按钮继续查找，直到发现"单"字，这时按键盘上的数字键（即所发现"单"字前的数字）。有的输入法有记忆功能，这次选择了"单"字，下次输入"dan"时，就会把"单"字排在第一位。

知识链接

在输入文字时，如果需要输入的文字排在第一位，可按数字键 1，也可按空格键输入。

词组录入：可以全拼录入，如"计算机"可以输入"jisuanji"；也可以录入词组简拼，如"计算机"可以输入"jsj"，即"计算机"这三个字拼音的第一个字母。有的输入法有记忆功能，这次输入"jsj"后选择了"计算机"三个字，下次再输入"jsj"，就会把"计算机"这个词排在第一位。

2. 五笔输入法

五笔输入法一般属于形码输入法，因其具有击键次数少、输入效率高等优点，已被用户普遍使用。但是，很多人认为用五笔输入法输入汉字比较困难。原因在于汉字数量众多，而键盘只有几十个键，不可能给每个汉字都安排一个键，因此需要对汉字进行分解，就像把分子分解为原子那样，把汉字分解成笔画和部首，比如将"桂"分解成"木、土、土"，把"照"分解为"日、刀、口、灬"等。

汉字基本字根有 130 种左右，这样就把处理几万个汉字的问题变成了只处理字根的问题，把输一个汉字的问题变成了输入几个字根的问题，正如输入几个英文字母才能构成一个英文单词一样。汉字的分解是按照整字分解为字根，字根分解为笔画进行的。笔画是指一次性不间断连续书写构成的线条，有横、竖、撇、捺、折。笔画是构成汉字的最小单位，笔画走向和笔画变形见表 2-1。字根是由若干笔画复合连接而成的比较固定的结构，虽然笔画是构成汉字的基本单位，但是为了编码的需求，五笔字型中把字根作为汉字的基本单位。基于字根编码可以减少每一个汉字的编码个数。

五笔字型中，笔画、字根、汉字的关系如图 2-21 所示。

在五笔输入法中，根据笔画的代码将除 Z 键外的其他 25 个键分成 5 个区，每个区设置一个区号，区号为 1~5，各区的键位见表 2-2。每个区包括 5 个键，从键盘中心向两边对每个键进行编号，这个号叫作位号，位号也是 1~5。表 2-2 为 5 个区所对应的键位。

表 2-1 笔画走向与笔画变形

笔画	笔画名称	笔画走向	笔画变形
一	横	从左到右	╱
丨	竖	从上到下	亅
丿	撇	从右上到左下	乀
乀	捺	从左上到右下	丶
乙	折	各个方向转折	㇄ ㇕ ㇆ ㇚ ㇙ ㇈ ㇇

图 2-21 汉字的组成

表 2-2 5个区对应的键位

区号	起笔笔画	键位
1	横	G F D S A
2	竖	H J K L M
3	撇	T R E W Q
4	捺	Y U I O P
5	折	N B V C X

键位有了编号后，五笔字型的研创者又把130多个基本字根按照一定的规则分布排列在键盘的字母键位上。五笔字型基本字根及其在键位上的分布如图 2-22 所示。

图 2-22 五笔字根分布

五笔字型输入法的创始人将字根编成25句口诀，每句口诀对应一个键位上的字根。这些口诀读起来朗朗上口，方便记忆，如图 2-23 所示。

如果感觉口诀太长太难记，也可记住25个键名字根，这对于掌握整个字根表有很大的益处，可按照下列口诀进行记忆。

一区：王土大木工

11G 王旁青头戋（兼）五一
12F 土士二干十寸雨，一二还有革字底
13D 大犬三羊石古厂，羊有直斜套去大
14S 木丁西
15A 工戈草头石匚七
21H 目具上止卜虎皮
22J 日早两竖与虫依
23K 口与川，字根稀
24L 田甲方框四车力
25M 山由贝骨下框几
31T 禾竹一撇双人立，反文条头共三一
32R 白手看头三二斤
33E 月衫乃用家衣底，豹头豹尾与舟底

34W 人和八三四里，祭头登头在其底
35Q 金勾缺点无尾鱼
41Y 言文方广在四一，高头一捺谁人去
42U 立辛两点六门病
43I 水旁兴头小倒立
44O 火业头四点米
45P 之字宝盖建到底，摘示衣
51N 已半巳满不出己，左框折尸心和羽
52B 子耳了也框向上，两折也在五耳里
53V 女刀九臼山向西
54C 又巴马，经有上，勇字头，丢失矣
55X 慈母无心弓和匕，幼无力

图 2 – 23　五笔字根记忆口诀

二区：目日口田山

三区：禾白月人金

四区：言立水火之

五区：已子女又纟

五笔字型基本输入法则：

键名汉字：有 25 个，每个键上面的第一个字叫键名，输入方法是把键名所在的键连击四下。例如金（QQQQ）。需要注意的是，由于每个汉字最多有四个编码，输入了四个相同字母之后，就不要按空格键或回车键了。

成字字根汉字：除键名字根外，本身就是汉字的字根叫成字字根，输入方法是击该字所在键一下，再击该字的第一、二和末笔单笔画，即键名＋首笔代码＋次笔代码＋末笔代码。例如雨（FGHY）、十（FGH）。键名后面的首、次、末笔画一定是指单笔画，而不是字根。如果成字字根只有两个笔画，即三个编码，则第四个编码以空格键结束。

合体字：由字根组合的汉字叫合体字。输入有两种：由至少四个字根组成的汉字依照书写顺序击入一、二、三、末字根；由不足四个字根组成的汉字按照书写顺序依次输入字根后加末笔字型交叉识别码。例如露（雨口止口），编码为 FKHK。

一级简码：有 25 个，是使用频率最高的汉字。

横区：一地在要工

竖区：上是中国同

撇区：和的有人我

捺区：主产不为这

折区：民了发以经

二级简码：取该字的前两个字根。例如燕（AU）、餐（HQ）。

三级简码：取该字的前三个字根。例如毅（UEM）。

两字词组：取每个字的前两个字根。例如早晨（JHJD）。

三字词组：取前两个字的第一个字根、最后一个字的前两个字根。例如海岸线（IMXG）。

四字词组：取每个字的第一个字根。例如莫名其妙（AQAV）。

多字词组：取前三个字的第一个字根，最后一个字的第一个字根。例如中国人民解放军（KLWP）、中华人民共和国（KWWL）。

三、汉字输入练习

图 2 - 24　"拼音打字"按钮

打开"金山打字通 2016"软件，单击"拼音打字"按钮，如图 2 - 24 所示。

在"拼音打字"对话框中选择"词组练习"即可进入"词组练习"界面，与英文打字一样，在拼音打字对话框中可进行课程选择，如图 2 - 25 所示。

词组练习的特点是：有二字词、三字词、四字词和多字词，练习时从易到难；每组词开头的读音相近，练习起来速度会相对快些。

如果要综合练习按键和速度，那么可以选择"拼音打字"里面的"文章练习"。在"文章练习"模块同样可以进行课程选择与自定义课程，也可以设置练习时间。"文章练习"窗口如图 2 - 26 所示。

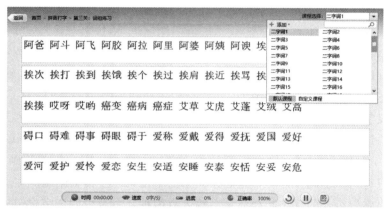

图 2 - 25　"词组练习"窗口

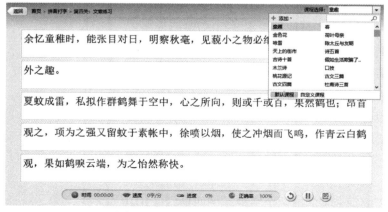

图 2 - 26　"文章练习"窗口

文章打字练习与英文打字练习一样，要注意手指分工与盲打的正确率。

实训一：练习汉字词组录入

◉ 掌握汉字词组的录入技巧
◉ 掌握汉字词组的盲打技巧

工具原料：已经安装好的"金山打字通 2016"软件。

步骤 1：打开"金山打字通 2016"软件，选择"拼音打字"中的"词组练习"模块。

进入"词组练习"组，在"课程选择"中选择任一文章进行练习，注意手指分配情况和盲打时的正确率。

步骤 2：选择课程。

课程选择从"二字词"到"多字词"。

实训二：练习中文文章录入

◉ 掌握中文标点符号的录入技巧
◉ 掌握盲打技巧，提升打字速度

工具原料：已经安装好的"金山打字通 2016"软件。

步骤 1：打开"金山打字通 2016"软件，选择"拼音打字"中的"文章练习"模块。

进入"文章练习"模块，在"课程选择"中选择任一文章进行练习，注意进度、速度和盲打时的正确率。

步骤 2：选择课程。

选择一篇古文进行练习，如《赤壁赋》。练习古文是由于古文很多语句并非常日常用语，录入文字时得逐个字地录，并且会有一些生僻字，可以锻炼学生对生僻字的输入。

步骤 3：自定义课程。

如果想要练习一篇软件内没有的文章，那么可以自己定义一篇文章来练习。例如，《信念是一粒种子》这篇文章，文章部分内容截图如图 2 - 27 所示。可以事先在网上搜索这篇文章，再将文章复制到记事本中，保存为 txt 格式。然后打开"金山打字通 2016"软件中的"拼音打字"所对应的"文章练习"模块，单击"课程选择"下拉菜单，选择"自定义课

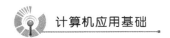

程"，之后的方法与英文练习时自定义课程一样，此处不再赘述。

信念是一粒种子

有一年，一支英国探险队进入撒哈拉沙漠的某个地区，在茫茫的沙海里跋涉。阳光下，漫天飞舞的风沙像炒红的铁砂一般，扑打着探险队员的面孔。口渴似炙，心急如焚——大家的水都没了。这时，探险队长拿出一只水壶，说："这里还有一壶水，但穿越沙漠前，谁也不能喝。"

一壶水，成了穿越沙漠的信念之源，成了求生的寄托目标。水壶在队员手中传递，那沉甸甸的感觉使队员们濒临绝望的脸上，又露出坚定的神色。终于，探险队顽强地走出了沙漠，挣脱了死神之手。大家喜极而泣，用颤抖的手拧开那壶支撑他们的精神之水——缓缓流出来的，却是满满的一壶沙子！

炎炎烈日下，茫茫沙漠里，真正救了他们的，又哪里是那一壶沙子呢？他们执着的信念，已经如同一粒种子，在他们心底生根发芽，最终领着他们走出了"绝境"。

事实上，人生从来没有真正的绝境。无论遭受多少艰辛，无论经历多少苦难，只要一个人的心中还怀着一粒信念的种子，那么总有一天，他就能走出困境，让生命重新开花结果。

人生就是这样，只要种子还在，希望就在。

图 2 - 27　《信念是一粒种子》截图

2.6　速度练习

打字是一种技能，准确性是不可动摇的前提，速度是追求的必然结果。提高击键频率可以加快打字速度，训练眼、脑、手之间信号传递的速度，它们之间的时间差越小越好，眼睛看到了一个字马上传给大脑，然后到手，这时眼睛仍要不停顿地向后面的文字飞快扫描。手指对键的冲击力劲要合适，速度也要快，正确的击键动作应从指法练习阶段养成。提高速度比较好的办法是将一篇打字稿反复打，比如 100 个常用单词，第一遍 10 分钟打完，再练几遍可能 7 分钟就打完，几天以后再练习时，发现不到 3 分钟就打完了，这就是技能训练的特点。打字需要艰苦训练，克服惰性，速度与质量的要求对每个人都是一种挑战，在打字过程中要专心，也要有紧迫感，既要稳重，又要有竞争意识。

实训：10 分钟完成《木兰诗》文章录入

实训目标

◉灵活击打键盘，把握正确率
◉掌握词组的输入技巧及盲打技巧，提升打字速度

实施步骤

工具原料：已经安装好的"金山打字通 2016"软件。

步骤 1：打开"金山打字通 2016"软件，自定义中文文章练习课程。

进入"文章练习"模块，在"课程选择"中选择《木兰诗》进行练习。如果软件内已经存放了该文章，则直接选择即可，否则可根据前面所学加入课程内容。

步骤 2：设置练习时间。

由于《木兰诗》这篇文章只有 393 个字，按每分钟至少输入 40 个字来算，可在窗口右

上角设置时间为 10 分钟，10 分钟后系统会跳出"测试成绩"窗口。如果想短时间内看到自己的成绩，也可将"时间"设置为 1 分钟，1 分钟过后即可显示"测试成绩"窗口，如图 2－28 所示。

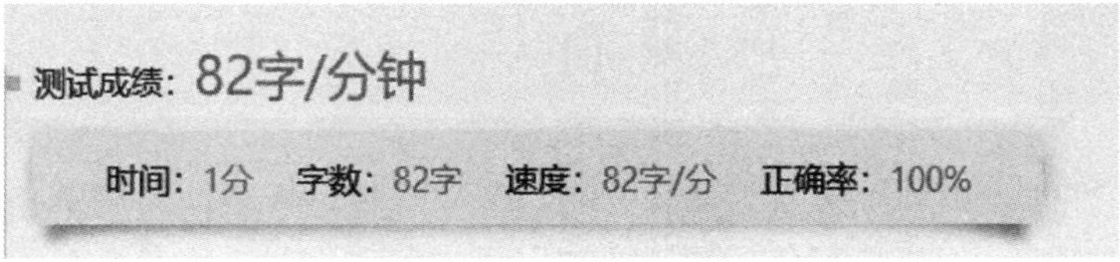

图 2－28　"测试成绩"截图

习题与实训

一、单项选择题

1. 下列选项中，（　　）键位于编辑键区。

A. CapsLock　　　　　B. Tab　　　　　　C. F4　　　　　　D. Home

2. 下列选项中，（　　）是错误的打字姿势。

A. 脚平放在地板或脚垫上　　　　　　B. 半躺坐

C. 屏幕与键盘在正前方　　　　　　　D. 座椅的高度调到与手肘近 90°夹角

3. 负责空格键的是（　　）手指。

A. 右手小指　　　　　　　　　　　B. 右手食指

C. 左右手拇指　　　　　　　　　　D. 左右手中指

4. 右手中指负责的键位有（　　）。

A. K、L　　　　　　　B. L、O　　　　　　C. F、G、R、T　　　　D. N、M

二、填空题

1. 基准键有_____个，分别是_____。

2. 小键盘区具有的符号键是_____。

3. 具有重命名功能的按键是_____。

三、操作题

1. 指法练习：

What is Healthy Sleep?

You know that sleep is vital to your physical and mental health. But, how can you tell whether you're truly sleeping well? Especially if you work shifts, your sleep probably does not look exactly like other peoples' sleep. It can be hard to measure your sleep patterns against those of the people around you.

On average, adults should optimally receive between seven and nine hours of sleep each night, but those needs vary individually. For example, some people feel best with eight consecutive hours of sleep, while others do well with six to seven hours at night and daytime napping. Some people feel o-

kay when their sleep schedule changes, while others feel very affected by a new schedule or even one night of insufficient sleep.

2. 在记事本中输入以下内容：

‘；；’ //％ $ ＠ ＠ ＝ ＼ ＼ ｜ ｜ ｛｝？ ＜《 ￥！ ～、、 ＊..。 ^&& # － ＋ 91 ＼ 、∕、 qqcdQQCD；；：】［］（）＜＞_ ——·！＠【】、

3. 速度练习：

（1）练习"Some Ways to Turn Yourself into an Emotionally Strong Lady"，要求 25 分钟之内完成。

Lost reality. Weak mind. Weak willpower. What is next? You cannot positively influence your life when you are not emotionally strong. Strength comes from within. Regardless of who your parents are and how much your husband earns, you cannot be a strong woman until you learn how to manage your emotions.

Money will never make you emotionally strong. I have seen many girls fall into desperate and give up while trying to overcome fickle situations and I thought it would be a great idea to share some tips to help you make yourself emotionally and mentally strong lady. So, remember：

1. There is more to life than stress and fear

There are people you love, your hobbies, triumphs, successes, and happiness. There is so much more than stress and fear. Stress does not make you better and fear does not make you happier. Many women suffer from chronic stress because they let it happen. They let stress control their minds and thus their lives. Fear is a complicated thing, but human beings – especially we women – have enough power to keep it at bay.

2. There is an overwhelming road outstretched before you

And that is the major reason to be emotionally strong. Show me at least one person in the world who has never had to handle problems – any types. There is no such a person. Both rich and poor people have problems – even animals face problems. Realize that life is not going to be completely happy and build an emotional stamina on a daily basis so that when a problem pops up, you are ready to tackle it without too much stress.

3. Adaptability fights the biggest life's misfortunes

Adaptability is not about keeping your mouth shut and allow the situation to grow into a big dilemma. It is about staying comfortable and calm looking for and accepting help. Adaptability is the heart of everything, literally. Adaptable women do not focus on the things they cannot change and the temporary obstacles that require too much effort. They just move to the next challenge and keep doing what is most important.

4. Embrace your past struggles

I am not telling you to dwell on the past. But embracing your past struggles that helped you become who you are now (surely, you are much stronger today than you were yesterday) is a powerful way to recognize your inner strength and become emotionally stronger than ever.

5\. Stop sheltering your emotions

Want to say something? Do it. Want to disagree? Do it. Want to stay home instead of partying? Say no. Whether you are an introvert，extrovert，or ambivert，chances are you are guilty of hiding your emotions and keeping silence when you strive to speak up. Give yourself more freedom，even if it means simply screaming into pillows. I mean，who of you can actually do it?

Finally，remember that life is jam – packed with ups and downs. The obstacles and problems are a part of your life. Can handle and solve them? Perfect. Can't do it? It is totally normal. After all，you are just human. We learn a lot more useful things from failures and misfortunes than we do from success and happiness.

From：womanitely. com

（2）练习《千里马不进取，也是废马》，要求 15 分钟之内完成。

千里马不进取，也是废马

有一匹年轻的千里马，在等待着伯乐来发现它。

商人来了，说：你愿意跟我走吗？

马摇摇头说：我是千里马，怎么可能为一个商人驮运货物呢？

士兵来了，说：你愿意跟我走吗？

马摇摇头说：我是千里马，怎么可能为一个普通士兵效力呢？

猎人来了，说：你愿意跟我走吗？

马摇摇头说：我是千里马，怎么可能去当猎人的苦力呢？

日复一日，年复一年，这匹马一直没有找到理想的机会。

一天，钦差大臣奉命来民间寻找千里马。

千里马找到钦差大臣，说：我就是你要找的千里马啊！

钦差大臣问：那你熟悉我们国家的路线吗？

马摇了摇头。

钦差大臣又问：那你上过战场、有作战经验吗？

马摇了摇头。

钦差大臣说：那我要你有什么用呢？

马说：我能日行千里，夜行八百。钦差大臣让它跑一段路看看。

马用力地向前跑去，但只跑了几步，它就气喘吁吁、汗流浃背了。你老了，不行！钦差大臣说完，转身离去。

今天你做的每一件看似平凡的努力都是在为你的未来积累能量，今天你所经历的每一次不开心、拒绝，都是在为未来打基础！

不要等到老了跑不动了再来后悔！

学历不代表有能力，文凭不代表有文化，过去的辉煌都已成为历史和回忆。

所以，昨天怎么样不重要，关键是今天做了什么，明天会怎么样！

感悟人生！珍惜现在，不要做让自己后悔的事！

作者：益谦亏盈

（3）练习《师说》，要求 15 分钟之内完成。

师说

古之学者必有师。师者，所以传道受业解惑也。人非生而知之者，孰能无惑？惑而不从师，其为惑也，终不解矣。生乎吾前，其闻道也固先乎吾，吾从而师之；生乎吾后，其闻道也亦先乎吾，吾从而师之。吾师道也，夫庸知其年之先后生于吾乎？是故无贵无贱，无长无少，道之所存，师之所存也。

嗟乎！师道之不传也久矣！欲人之无惑也难矣！古之圣人，其出人也远矣，犹且从师而问焉；今之众人，其下圣人也亦远矣，而耻学于师。是故圣益圣，愚益愚；圣人之所以为圣，愚人之所以为愚，其皆出于此乎！爱其子，择师而教之，于其身也，则耻师焉，惑矣！彼童子之师，授之书而习其句读者，非吾所谓传其道解其惑者也。句读之不知，惑之不解，或师焉，或不焉，小学而大遗，吾未见其明也。巫医乐师百工之人，不耻相师；士大夫之族，曰师曰弟子云者，则群聚而笑之。问之，则曰："彼与彼年相若也，道相似也。位卑则足羞，官盛则近谀。"呜呼！师道之不复可知矣。巫医乐师百工之人，君子不齿。今其智乃反不能及，其可怪也欤！

圣人无常师。孔子师郯子、苌弘、师襄、老聃。郯子之徒，其贤不及孔子。孔子曰："三人行，则必有我师"是故弟子不必不如师，师不必贤于弟子。闻道有先后，术业有专攻，如是而已。

李氏子蟠，年十七，好古文，六艺经传，皆通习之，不拘于时，学于余。余嘉其能行古道，作《师说》以贻之。

第3章

Word 2010 文字处理软件

Word 2010 是微软公司发布的办公软件 Microsoft Office 中重要的组件之一。它是普及性较高且易掌握的一款文字处理软件，通过它，不仅可以进行文字输入、编辑、排版和打印，还可以制作出各种图文并茂的办公文档和商业文档。使用 Word 2010 自带的各种模板还能快速地创建和编辑各种专业文档。下面就来认识一下 Word 2010，并掌握它的一些基本操作。

3.1　Office 2010 介绍

在使用 Office 2010 前，首先要对其中的组件的功能有所了解。认识和了解了其用途后，才能更好地将软件应用到实际工作中。

1. 认识 Word 2010

Word 是 Office 系列软件中重要的组成部件，其功能强大，也是目前全世界用户最多、使用范围最广的文字编辑软件之一，它的主要功能包括文档的排版、表格的制作与处理、图形的制作与处理、页面设置和打印文档等，被广泛用于各种办公和日常事务处理中。

2. 认识 Excel 2010

Excel 是 Office 系列软件中专门用于电子表格处理的软件。Excel 的功能也很强大，可以制作表格、计算和管理数据、分析与预测数据，并且能制作多种样式的图标，另外，还能实现网络共享。

3. 认识 PowerPoint 2010

PowerPoint 是 Office 系列软件的一个组件，主要用于制作动态幻灯片。在幻灯片中可以插入各种对象，如文本、图片、视频、音频等，再通过动画功能将多个对象链接起来。幻灯片具有动态效果，能更直观地将幻灯片中的对象形象、生动地展示出来。

3.2 Word 2010 工作界面介绍

在学习 Word 2010 的使用方法之前，先学习启动与退出 Word 2010 的操作，并熟悉一下 Word 2010 的操作界面。

一、启动 Word 2010 的方法

（1）单击桌面任务栏中的"开始"按钮，然后单击"所有程序"→"Microsoft Office"→"Microsoft Word 2010"菜单，如图 3 – 1（a）所示，即可启动程序。

（2）如果桌面上有 Word 2010 的快捷方式图标，可双击该图标启动程序，如图 3 – 1（b）所示。

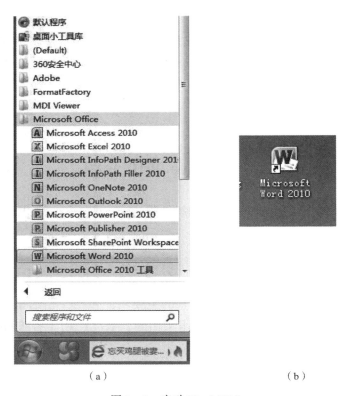

（a）　　　　　　　　　　　　　　　　　　（b）

图 3 – 1　启动 Word 2010

知识链接

　　若桌面上没有显示 Word 2010 的快捷方式图标，可通过以下方法添加：选择"开始"→"所有程序"→"Microsoft Office"菜单，在弹出的子菜单中右击"Microsoft Word 2010"项，在打开的快捷菜单中选择"发送到"→"桌面快捷方式"选项，如图 3–2 所示。

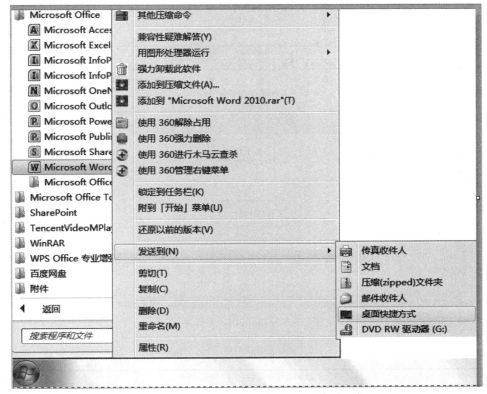

图 3 - 2　为 Word 2010 创建桌面快捷方式图标

二、熟悉 Word 2010 的工作界面

启动 Word 2010 工作界面之后，屏幕上就会打开一个 Word 窗口，它是与用户进行交互的界面，是用户进行文字编辑的工作环境。只有了解工作界面的基本组成，才能高效率地完成办公任务。Word 2010 的窗口主要由标题栏、快速访问工具栏、功能区、文本编辑区和状态栏等部分组成，如图 3 – 3 所示。

标题栏：位于 Word 2010 操作界面的最顶端，其中显示了当前编辑的文档名称及程序名称。标题栏的最右侧有三个窗口控制按钮，分别用于对 Word 2010 的窗口执行最小化、最大化/还原和关闭操作。

快速访问工具栏：用于放置一些使用频率较高的工具。默认情况下，该工具栏包含了"保存" 🔲 、"撤销" ↩ 、和"恢复" ↻ 按钮。若用户要自定义快速访问工具栏中包含的工具按钮，可单击该工具栏右侧的按钮，在展开的列表中选择要向其中添加或删除的工具按钮。另外，通过该下拉列表可以设置快速访问工具栏的显示位置。

功能区：位于标题栏的下方，它用选项卡的方式分类存放着编排文档时所需要的工具。单击功能区中的选项卡标签，可切换功能区中显示的工具。在每一个选项卡中，工具又被分类放置在不同的组中。如图 3 –4 所示。

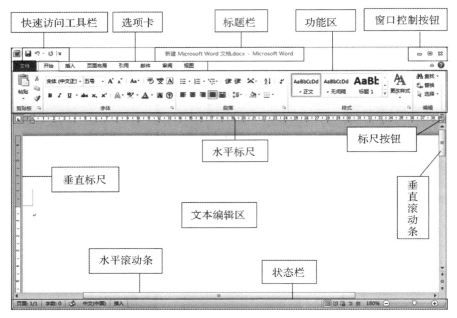

图 3 – 3　Word 2010 工作界面

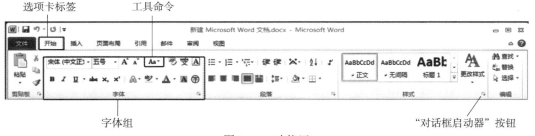

图 3 – 4　功能区

知识链接

　　每一个组下面都会有一个对话框启动器按钮，用于打开该组命令相关的对话框，以便用户对要进行的操作做更进一步的设置。例如，单击"字体"组右下角的对话框启动器按钮，可以打开如图 3 –5 所示的"字体"对话框。

　　标尺：分为水平标尺和垂直标尺，用于指示字符在页面中的位置和设置段落缩进等。若标尺未显示，可单击文档编辑区右上角的"标尺"按钮将其显示出来，再次单击该按钮，可将标尺隐藏。

　　滚动条：当文档内容过长不能完全显示在窗口中时，在文档编辑区的右侧和下方会显示垂直滚动条和水平滚动条，通过拖动滚动条上的滚动滑块，可查看隐藏的内容。

　　文档编辑区：Word 2010 操作界面中的空白区域为文档编辑区，它是编排文档的场所。文档编辑区中显示的黑色竖线为插入符，用于显示当前文档正在编辑的位置。

图 3 - 5   "字体"对话框

状态栏：位于窗口的最底部，用于显示当前文档的一些相关信息，如当前的页码及总页数、文档包含的字数等。此外，在状态栏的右侧还包含了一组用于切换 Word 视图模式和缩放视图的按钮与滑块，如图 3 - 6 所示。

图 3 - 6   状态栏

三、退出 Word 2010

要退出 Word 2010，可以使用如下三种方法。

方法 1：单击程序窗口标题栏右侧的"关闭"按钮 ⊠ ，此时将关闭所有打开的文档并退出程序，如图 3 - 7 所示。

图 3 - 7   单击"关闭"按钮退出程序

方法 2：切换到"文件"选项卡，然后单击左侧窗格中的"退出"项，如图 3 - 8 所示。

方法 3：利用快捷键 Alt + F4 关闭当前正在运行的 Word 2010 窗口。

小提示：在退出Word 2010程序的同时，当前打开的Word文档也将关闭，如果用户对文档进行了操作而没有保存，系统会弹出一个提示对话框，提示用户保存文档。保存文档的操作将会在下一节中做详细讲解。

图 3 – 8　选择"退出"项

知识链接

在 Word 2010 中提供了多种视图模式供用户选择，这些视图模式包括"页面视图""阅读版式视图""Web 版式视图""大纲视图"和"草稿视图"。用户可以在"视图"功能区中选择需要的文档视图模式，也可以在 Word 2010 文档窗口的右下方单击视图按钮选择视图。

1. 页面视图

"页面视图"可以显示 Word 2010 文档的打印结果外观，主要包括页眉、页脚、图形对象、分栏设置、页面边距等元素，是最接近打印结果的视图。

2. 阅读版式视图

"阅读版式视图"以图书的分栏样式显示 Word 2010 文档，"文件"按钮、功能区等窗口元素被隐藏起来。在阅读版式视图中，用户可以单击"工具"按钮选择各种阅读工具。

3. Web 版式视图

"Web 版式视图"以网页的形式显示 Word 2010 文档，Web 版式视图适用于发送电子邮件和创建网页。

4. 大纲视图

"大纲视图"主要用于设置 Word 2010 文档和显示标题的层级结构，并可以方便地折叠和展开各种层级的文档。大纲视图广泛用于 Word 2010 长文档的快速浏览和设置中。

5. 草稿视图

"草稿视图"取消了页面边距、分栏、页眉页脚和图片等元素，仅显示标题和正文，是最节省计算机系统硬件资源的视图方式。当然，现在计算机系统的硬件配置都比较高，基本上不存在由于硬件配置偏低而使 Word 2010 运行遇到障碍的问题。

实训：Word 2010 启动与退出

实训目标

◎掌握启动 Word 2010 的方法
◎能够将常用工具按钮"新建"和"打开"添加到快速访问工具栏中
◎掌握退出 Word 2010 的方法

实施步骤

步骤1：启动 Word 2010。

鼠标双击桌面快捷方式图标 Microsoft Word 2010。

步骤2：找到相关源元素。

在图 3 - 3 中找到快速访问工具栏、标题栏、功能区、编辑区和状态栏等组成元素。

步骤3：向"快速访问工具栏"中添加"新建"和"打开"按钮。

单击快速访问工具栏右侧的三角按钮 |▾ ，在展开的列表中单击"新建"项，如图 3 - 9 所示，将"新建"按钮添加到快速访问工具栏中。用同样的方法添加"打开"按钮。再次重复操作一次，可以取消添加。

图 3 - 9 　自定义快速访问工具栏

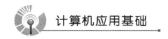

步骤 4：退出 Word 程序。

在"文件"选项卡界面左侧窗格单击"退出"选项即可。

3.3　Word 文档的基本操作

在 Word 2010 中，可以进行新建、编辑、保存文档等基本操作，还可以进行编辑对象的选定和查找、替换操作。另外，有时还需要在文档中输入某些特殊符号，以满足用户的需求。

在 Word 2010 中，要真正创建一个文档，首先需要新建一个文档，然后输入文本的内容并保存。下面将详细了解新建和保存文档的具体方法。

1．新建文档

新建文档的方法：

（1）启动 Word 2010 程序之后，自动新建一个文档。

（2）启动 Word 2010 程序之后，利用快捷键 Ctrl + N 新建一个空白文档。

（3）启动 Word 2010 程序之后，打开"文件"选项卡，单击"新建"按钮，选择"空白文档"选项，再单击"创建"按钮，即可新建一个空白文档，如图 3 – 10 所示。

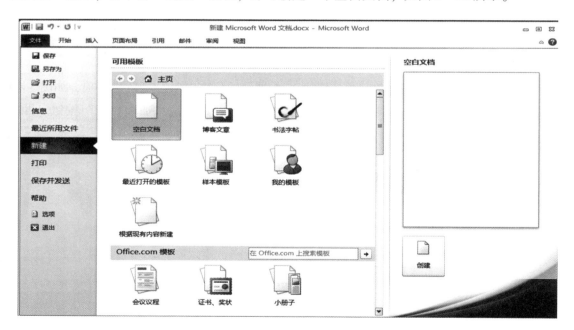

图 3 – 10　新建 Word 文档

2．保存文档

不论是新建的文档还是编辑后的文档，都应该将其保存下来。如果在保存之前遇到突然断电、计算机死机等意外情况，用户所做的工作可能会丢失，因此要及时保存文件，养成随时保存文档的习惯。保存文档的操作方法如下。

步骤1：在当前文档中打开"文件"选项卡，在该选项卡左侧单击"保存"按钮，如图3－11所示。

图3－11　保存Word文档

步骤2：在弹出的"另存为"对话框中选择保存文档的路径，输入要保存文件的名称后，单击"保存"按钮即可保存文档，如图3－12所示。

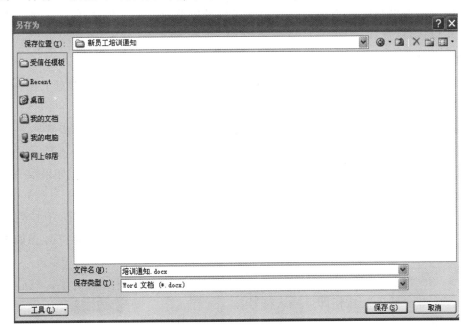

图3－12　"另存为"对话框

步骤3：除了以上两种方法，还可以用其他方法保存文档，如：在快速访问工具栏中单击"保存"按钮，即可完成保存操作，或者利用快捷键Ctrl＋S快速保存文档。

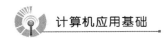

3.3.1　文本的输入

1. 输入文字的方法与技巧

（1）在 Word 中，可以通过按 Ctrl + Shift 组合键切换各种已经安装好的输入法；如果是从英文输入法切换到默认的中文输入法，则需要按 Ctrl + 空格键。常见的输入法有搜狗输入法、QQ 拼音输入法、谷歌拼音输入法、极品五笔输入法、智能 ABC 输入法等。

（2）录入文本时，在同一段文本之间不需要手动分行；当输入内容超过一行时，Word 会自动换行。

（3）当录入完一段文字后，按 Enter 键，文档会自动产生一个段落标记符，表示换行。

如果需要强制换行，并且需要该行的内容与上一行的内容保持一个段落属性，可以按 Shift + Enter 组合键来完成。

（4）当文本出现错误或有多余的文字时，可以使用删除功能来删除多余的文字。按键盘上的 Backspace 键可以删除光标左侧的文字；按 Delete 键可以删除光标右侧的文字。

（5）在录入文字过程中，有时需要在文本中录入大写字母，此时按下键盘上的 CapsLock 键来切换键盘的大写状态；当完成大写字母的录入后，再次按下 CapsLock 键来关闭键盘的大写状态。

2. 输入特殊符号

在建立文档时，除了输入一些键盘上有的符号外，还需要输入一些键盘上没有的特殊字符或图形符号，如数字序号、单位符号、特殊符号、汉字的偏旁部首等。

有些符号不能从键盘直接输入，如要在文档中插入符号"※"，操作步骤如下。

步骤 1：确定插入点，单击"插入"→"符号"→"符号"按钮，将显示一些可以快速添加的符号按钮，如果包含自己需要的符号，直接选择即可完成操作；如果没有找到自己想要的符号，可选择最下面的"其他符号"选项，如图 3 - 13 所示。

步骤 2：在弹出的"符号"对话框的"符号"选项卡下，在"字体"下拉列表中选择字体，在"子集"下拉列表中选择一个专用字符集，选中自己需要的符号，如图 3 - 14 所示。

步骤 3：在弹出的"符号"对话框的"字体"列表中选择相应的字体，然后选择要插入的符号。单击"插入"按钮即可插入符号。

3. 特殊符号

文档中除了包含一些汉字和标点符号外，为了美化版面，通常还会包含一些特殊的符号。具体操作步骤如下。

步骤 1：确定插入点，单击"插入"选项卡下"符号"组的"符号"按钮，在弹出的下拉列表中选择"其他符号"选项，如图3－13所示。

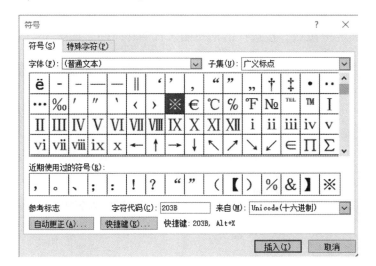

图3－13 "符号"按钮　　　　　　　　　图3－14 "符号"选项卡

步骤2：在弹出的"符号"对话框中单击"特殊字符"选项卡，如图3－15所示。

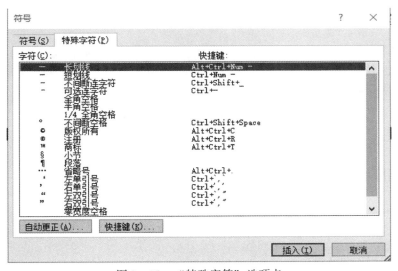

图3－15 "特殊字符"选项卡

步骤3：在"字符"列表框中选择所需符号。

步骤4：单击"插入"按钮。

系统还为某些特殊符号定义了快捷键，用户可以直接应用这些快捷键快速插入该符号。

4. 插入日期和时间

在制作合同、信函、通知类的办公文档时，通常需要在文档的末尾输入当前的日期与时间。在 Word 中可以快速插入日期与时间，不用手动输入。具体操作方法如下。

步骤1：将插入点定位到文档最后，单击"插入"选项卡中"文本"工具组中的"日期和时间"按钮。

步骤2：弹出"日期和时间"对话框，在"可用格式"列表中选择日期格式，单击"确定"按钮，按选择的格式插入日期和时间，如图3-16所示。

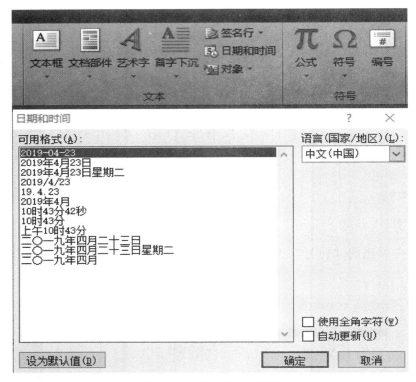

图3-16　插入时间和日期

实训："天气降温通知.docx"文字录入

实训目标

◎学会在文档中录入文字

◎学会录入时间和日期

◎学会保存"天气降温通知.docx"文档，并提交作业

实施步骤

步骤1：在桌面上右击，新建Word文档，并重命名为"天气降温通知.docx"。

步骤2：输入天气降温通知内容，如图3-17所示。

步骤3：将"天气降温通知.docx"保存在桌面上。

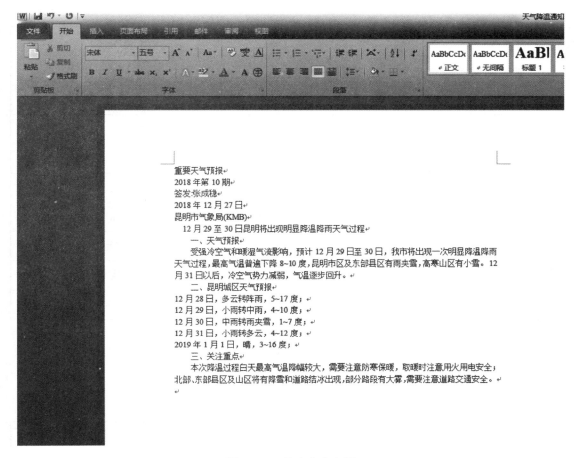

图 3 – 17 输入文本内容

3.3.2 文本的编辑

一、编辑对象的选定

对文档内容进行编辑之前，需要先选中要编辑内容，也就是要指明对哪些内容进行编辑。文档中被选中的文本以蓝色背景显示。

1. 鼠标选择文字

鼠标选择文字的方法见表 3 – 1。

表 3 – 1　用鼠标选择文本

所选文本	鼠标的操作
任何数量的文字	从左向右或者从右向左拖过这些文字
一个单词	在该单词上双击

计算机应用基础

续表

所选文本	鼠标的操作
一个图形	在该图形左上方双击
一行文字	在左侧选择区单击
多行文字	在左侧选择区向上或向下拖动鼠标
一个句子	按住 Ctrl 键不放，然后在该句的任何位置单击
一个段落	在左侧选择区双击
多个段落	在左侧选择区由上往下或由下往上拖动鼠标
连续文本区域	按住 Shift 键不放，单击要选择文本的开头和结尾处
不连续文本区域	选择一个文本区域后，按住 Ctrl 键不放，再选择其他文本区域
矩形文本区域	将鼠标指针置于要选择文本的一角，按住 Alt 键不放然后拖动鼠标至另一角

2. 用键盘选择文字

键盘选择文字的方法见表 3 – 2。

表 3 – 2　用键盘选择文本

所选文本	按键
左/右侧一个字符	Shift + 左箭头/右箭头
行首/行尾	Shift + Home/Shift + End
上一行/下一行	Shift + 上箭头/Shift + 下箭头
段首/段尾	Ctrl + Shift + 左箭头/Ctrl + Shift + 下箭头
整篇文档	Ctrl + A 组合键
文档中具体位置	F8 键，然后移动箭头；Esc 键可取消选定模式
纵向文本块	Ctrl + Shift + F8 组合键，然后移动箭头；Esc 键可取消选定模式

二、移动与复制文本

常见的编辑文本的操作主要有移动、复制、查找和替换。例如，对重复出现的文本，不必一次又一次地重复输入，只要复制即可，对放置不当的文本，可快速将其移动到合适位置。移动与复制操作不仅可以在同一个文档中使用，还可以在多个文档之间进行。

移动和复制文本常用的方法有两种：一种是使用鼠标拖动；另一种是使用"剪切"

"复制"和"粘贴"命令。若要短距离移动或复制文本,使用鼠标拖动的方法比较方便。

若要移动或复制的文本的原位置与目标位置较远,或不在同一个文档中,此时可以使用"剪切""复制"和"粘贴"命令复制或移动文本。

三、查找、替换文本

利用 Word 2010 提供的查找和替换功能不仅可以在文档中迅速查找到相关的内容,还可以将查找到的内容替换成其他内容,从而使文档的修改工作变得十分迅速和高效。

实训:"天气降温通知"文本移动与复制、查找及替换

实训目标

◎通过学习,学会把第三段和第四段放在文本的最后两段

◎利用查找和替换功能把文档中所有的昆明市替换为景洪市

◎学会查找与替换的操作

实施步骤

步骤1:文本的移动与复制

打开"天气降温通知.docx",用鼠标选中第三段和第四段文字,右击,单击"剪切"命令,把光标放在文档的末尾,右击,单击"粘贴"命令即可完成操作,如图 3 – 18 所示。

步骤2:文本的查找

打开"天气降温通知.docx",选中所有文档,单击"开始"选项卡上"编辑"组中的"查找"按钮，打开"导航"任务窗格,在窗格上方的编辑框中输入要查找的内容,如"昆明市",如图 3 – 19 所示。

步骤3:替换

在编辑文档时,有时需要对整个文件中的某些内容进行统一替换,这时可以使用替换命令进行操作,从而既加快了修改文档的速度,又可避免重复操作。操作步骤如下:

(1)继续在"天气降温通知"文档中进行操作。将插入符定位在文档开始处,单击"开始"选项卡上"编辑"组中的"替换"按钮,打开"查找和替换"对话框的"替换"选项卡。

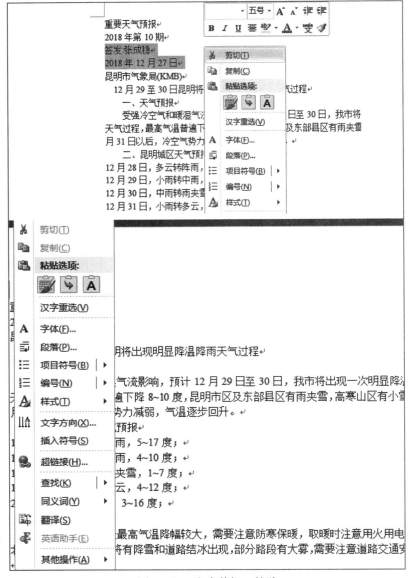

图 3 - 18　文本剪切、粘贴

（2）在"查找内容"编辑框中输入要替换的内容，如"昆明市"，在"替换为"编辑框中输入替换为的内容，如"景洪市"，如图 3 - 20 所示。单击"替换"或"查找下一处"按钮，系统将从插入符所在位置开始查找，然后停在第一次出现文本"昆明市"的位置，且该文本以蓝色底纹显示。

（3）单击"替换"按钮，被查找到的内容"昆明市"将被替换成"景洪市"，同时，下一个要被替换的内容以蓝色底纹显示，如图 3 - 21 所示。

（4）若单击"全部替换"按钮，则文档中的全部"昆明市"都将被替换为"景洪市"。替换完成后，在显示的提示对话框中单击"确定"按钮，如图 3 - 22 所示，返回"查找和替换"对话框，再单击"关闭"按钮退出。

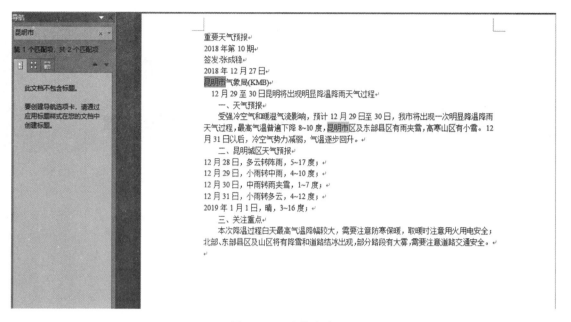

图 3 – 19　查找文本

图 3 – 20　输入查找和替换内容进行查找

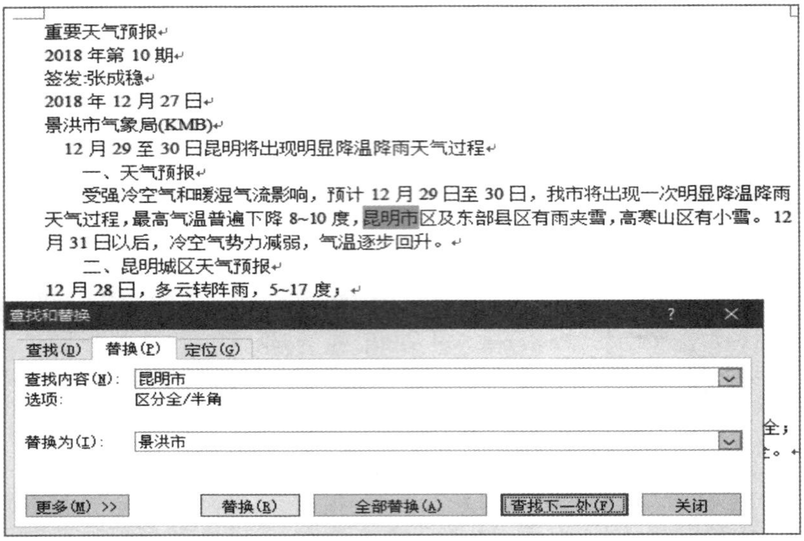

重要天气预报
2018 年第 10 期
签发:张成稳
2018 年 12 月 27 日
景洪市气象局(KMB)
　12 月 29 至 30 日昆明将出现明显降温降雨天气过程
　　一、天气预报
　　受强冷空气和暖湿气流影响,预计 12 月 29 日至 30 日,我市将出现一次明显降温降雨
天气过程,最高气温普遍下降 8~10 度,昆明市区及东部县区有雨夹雪,高寒山区有小雪。12
月 31 日以后,冷空气势力减弱,气温逐步回升。
　　二、昆明城区天气预报
　　12 月 28 日,多云转阵雨,5~17 度;

查找和替换

查找(D)　替换(P)　定位(G)

查找内容(N):　昆明市
选项:　　　　区分全/半角

替换为(I):　　景洪市

更多(M) >>　　替换(R)　　全部替换(A)　　查找下一处(F)　　关闭

图 3 – 21　替换内容

查找和替换

查找(D)　替换(P)　定位(G)

查找内容(N):　昆明市
选项:　　　　区分全/半角

替换为(I):　　景洪市

更多(M) >>　　替换(R)　　全部替换(A)　　查找下一处(F)　　取消

Microsoft Word

Word 已完成对 文档 的搜索并已完成 2 处替换。

确定　　帮助(H)

图 3 – 22　替换完毕

3.4　文档的格式设置

　　文档的格式设置包括字符、段落的格式设置,底纹与边框的添加,以及分隔符和页码的插入等。本节将详细介绍这些内容,以达到美化文档的目的。下面以"关于组织企业文化考试的通知"范文为例,学习文档的格式设置。

3.4.1　设置字符格式

　　在录入完文档之后,要对文档的内容进行编辑和排版,使文档各部分的字符格式更加整齐、美观。字符格式主要包括设置字体、字号、字形、颜色、下划线、字符间距等效果。下面以"关于组织文化企业考试的通知.docx"为例设置字符格式。

1. 设置字体、字形、字号、颜色

步骤1：选择标题文字"关于组织企业文化考试的通知"，单击"开始"选项卡下"字体"组中的"对话框启动器"按钮，如图3-23所示。

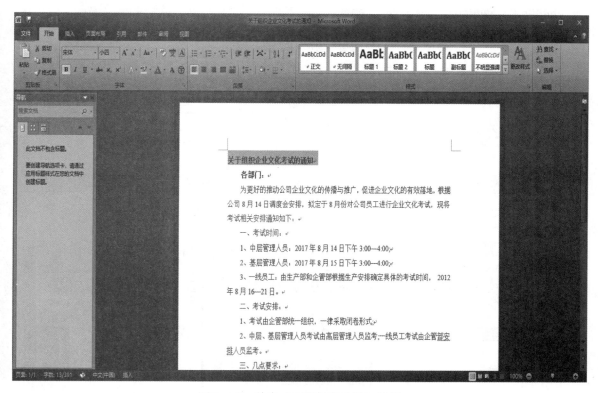

图3-23 单击"对话框启动器"按钮

步骤2：在弹出的"字体"对话框中的"字体"选项卡中设置字体为楷体，字号为小一，字形为加粗，字体颜色为红色，如图3-24所示；在"高级"选项卡中设置字符间距为加宽，磅值为1磅，最后单击"确定"按钮即可完成操作，如图3-25所示。

2. 设置首字下沉

首字下沉是指某一段话开头的第一个字格外粗大、醒目。如要为文本设置首字下沉，则按以下操作步骤完成。

单击"插入"选项卡"文本"组中的"首字下沉"按钮，在弹出的下拉列表中选择"首字下沉"选项，在弹出的"首字下沉"对话框中设置位置为"下沉"，字体为黑体，下沉行数为2，最后单击"确定"按钮即可完成操作，如图3-26所示。

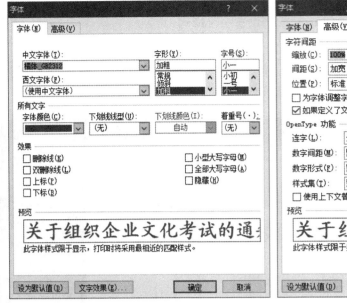

图3-24 设置字体格式   图3-25 设置字符间距

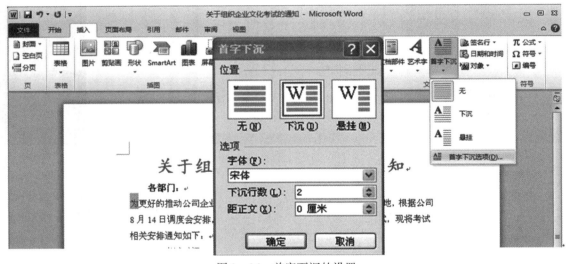

图3-26 首字下沉的设置

3. 设置正文文字格式

选中正文所有内容，利用上述方法设置所有正文"字体"为"宋体"，"字号"为"小四"，"字体颜色"为"深蓝"色，如图3-27所示。

4. 设置考试时间、考试安排、几点要求文体的字符格式

按住Ctrl键，选择考试时间、考试安排、几点要求三部分文本，设置字号为三号，字形为加粗，下划线为单下划线，下划线颜色为蓝色，如图3-28所示。

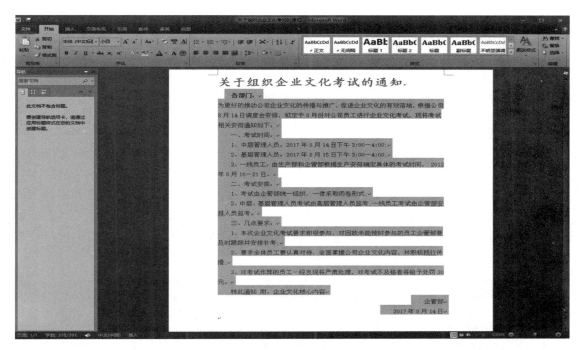

图 3 - 27　正文文字的设置

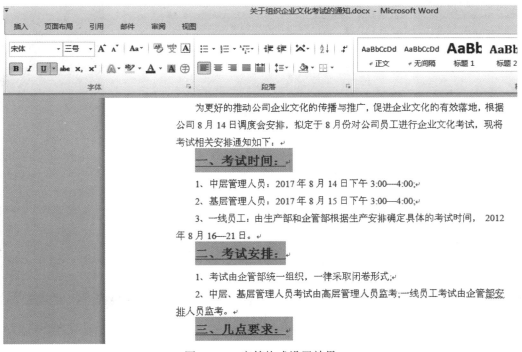

图 3 - 28　字符格式设置效果

3.4.2 设置段落格式

对文档内容进行修饰时，除对字符进行格式设置外，通常还需要对段落进行格式设置。段落格式设置主要包括对齐方式、行距、缩进及段落的前后间距等。

一、设置段落格式

1. 设置"段落"对话框

选中标题文字，单击"开始"选项卡"段落"组中的"对话框启动器"按钮，在弹出的"段落"对话框中设置标题文字的"对齐方式"为"居中"，段后间距设置为0.5行，如图3-29所示。在"段落"对话框中还可以设置段落的"特殊格式"是"首行缩进"或是"悬挂缩进"，设置段前（后）距离、行距等。

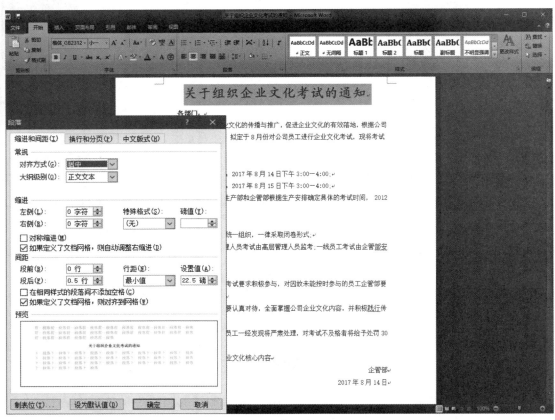

图3-29　段落格式的设置

2. 设置行距、缩进方式、段前（后）间距

根据上述方法设置正文1~5段文本内容的"对齐方式"为"左对齐"，"段前"距离为"1行"，"特殊格式"为"首行缩进"，"磅值"为"2字符"，"行距"为"1.5倍行距"；6~7段文本的"行距"为"1.5倍行距"，"对齐方式"为右对齐。

（1）自定义项目符号。

选中要设置项目符号的文本，单击"项目符号"按钮，在项目符号库中选择相应的项目符号，如图3-30所示。

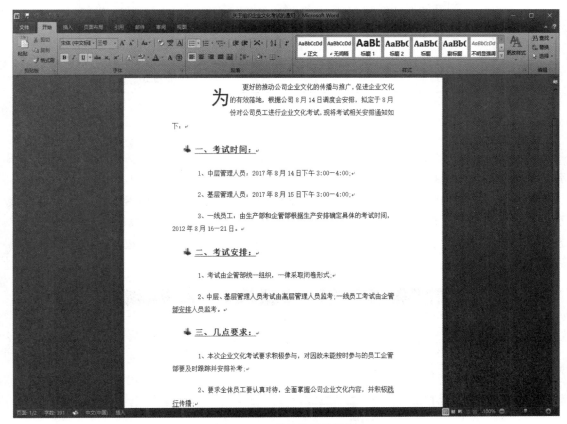

图3-30 项目符号的添加

（2）自定义编号。

选中要设置编号的文本，单击"编号"按钮，在编号库中选择相应的项目符号，如图3-31所示。在对文本添加项目符号和编号时，如果没有找到需要添加的项目符号和编号，还可以定义新的符号和编号来完成操作。

二、设置底纹与边框

在 Word 2010 中，用户可以为文档中某些重要的文本或段落增添边框和底纹，同样也可以为文档中的表格设置边框和底纹。边框和底纹以不同的颜色显示，能够使这些内容更引人注目，外观更加美观，能起到更突出和醒目的显示效果。

1. 设置文字、段落或表格的边框

给文档中的文本或段落添加边框，既可以使文本与文档的其他部分区分开来，又可以增强视觉效果。设置文字或段落的边框可按如下步骤操作。

步骤1：选择需要添加边框的文字或段落。

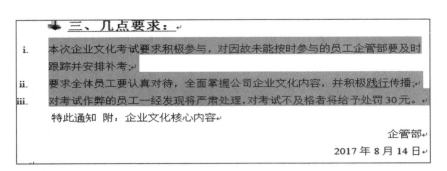

三、几点要求：

i. 本次企业文化考试要求积极参与，对因故未能按时参与的员工企管部要及时跟踪并安排补考；

ii. 要求全体员工要认真对待，全面掌握公司企业文化内容，并积极践行传播；

iii. 对考试作弊的员工一经发现将严肃处理，对考试不及格者将给予处罚30元。

特此通知 附：企业文化核心内容

企管部

2017 年 8 月 14 日

图 3 – 31　编号的添加

步骤 2：单击"开始"选项卡"段落"组中的"所有框线"按钮旁边的下拉按钮，在弹出的下拉列表中选择"边框和底纹"选项。

步骤 3：在弹出的"边框和底纹"的对话框中选择"边框"选项卡，并设置边框的线型、颜色、宽度等，在"应用于"下拉列表中选择"文字"或是"段落"，单击"确定"按钮，如图 3 – 32 所示。效果如图 3 – 33 所示，图中，第一段是文字边框，第三段是段落边框。

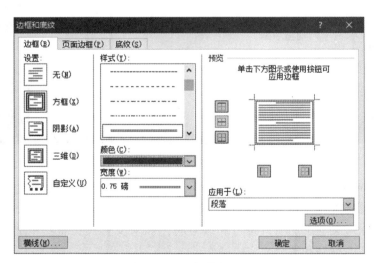

图 3 – 32　边框线的设置

设置表格边框，按以下步骤操作。

步骤 1：选择需要添加边框的表格。

步骤 2：单击"开始"选项卡下"段落"组中的"边框和底纹"按钮；或者右击表格，在弹出的快捷键菜单中选择"边框和底纹"命令。

步骤 3：在弹出的"边框和底纹"对话框中选择"边框"选项卡，如图 3 – 34 所示，设置边框（包括边框内的斜线、直线、横线、单边的边框线）的线型、颜色、宽度等。

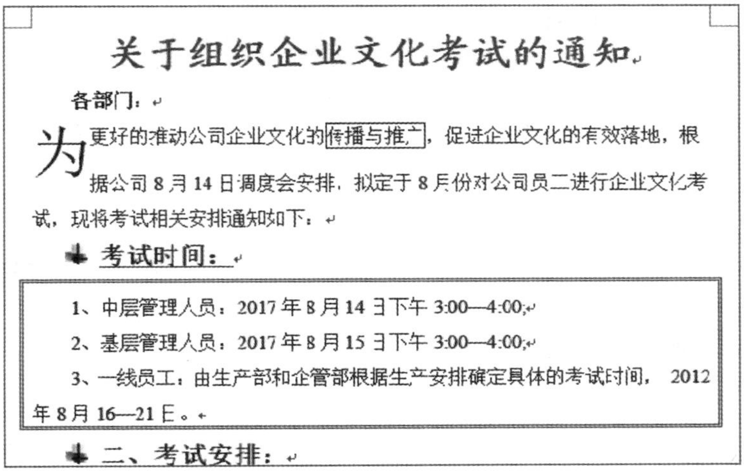

关于组织企业文化考试的通知

各部门：

为 更好的推动公司企业文化的传播与推广，促进企业文化的有效落地，根
据公司 8 月 14 日调度会安排，拟定于 8 月份对公司员工进行企业文化考
试，现将考试相关安排通知如下：

⬥ 考试时间：

1、中层管理人员：2017 年 8 月 14 日下午 3:00—4:00；

2、基层管理人员：2017 年 8 月 15 日下午 3:00—4:00；

3、一线员工：由生产部和企管部根据生产安排确定具体的考试时间，2012
年 8 月 16—21 日。

⬥ 二、考试安排：

图 3 - 33　段落边框效果图

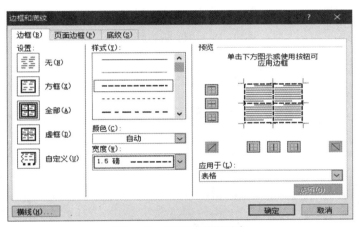

图 3 - 34　设置表格的边框

2. 设置文字、段落或表格的底纹

步骤 1：选择需要添加底纹的文字。

步骤 2：单击"开始"选项卡"段落"组中的"所有框线"按钮旁边的下拉按钮（选择过一次后，系统将用"边框和底纹"按钮替换该按钮），在弹出的下拉列表中选择"边框和底纹"选项。

步骤 3：弹出"边框和底纹"对话框，单击"底纹"选项卡，根据版面需求设置底纹的填充颜色、图案的样式和颜色等，如图 3 - 35 所示。

设置底纹时，应用的对象有"文字""段落""单元格"和"表格"，可在"应用于"下拉列表中选择。图 3 - 36 中，第一段设置的是文字底纹，第三段设置的是段落底纹。

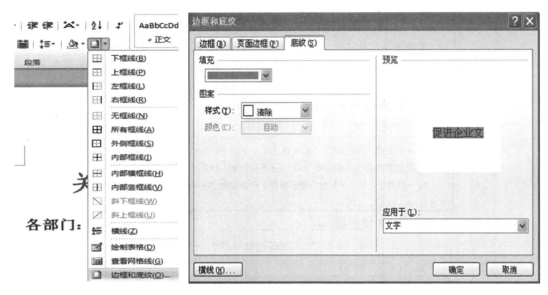

图 3－35　边框与底纹的设置

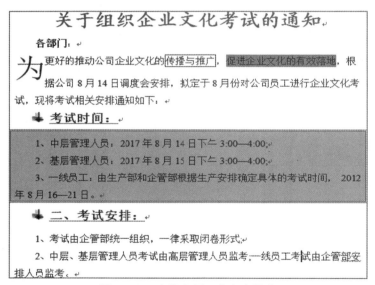

图 3－36　底纹应用于文字和段落

3.5　文档表格的应用

在日常工作和生活中，经常会看到各种表格，如点名表、成绩登记表、调查表、计划表、简历表等，Word 提供了强大的表格功能，用户可以制作、编辑和使用各种表格。

表格是由垂直的列和水平的行组成的，行列交叉组成的方框称为单元格。具体如图 3－37 所示。

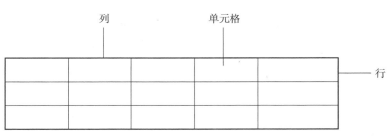

图 3-37 表格的组成

3.5.1 表格的创建

在文档中，可以使用"插入"选项卡下"表格"组的"表格"命令来创建表格，一般创建表格的方法有三种，即拖拉法、对话框法和绘制法。

1. 拖拉法

将光标定位到需要添加表格的位置，单击"表格"组的"表格"按钮，在弹出的下拉列表中拖动鼠标设置表格的行、列数目，如图 3-38 所示，这时可在文档中预览到表格，释放鼠标即可在光标处按照设置的行列数增添一个空白表格。这种方法添加的最大表格为 10 列 8 行。

2. 对话框法

在图 3-36 中选择"插入表格"命令，在弹出的"插入表格"对话框中按需要输入"列数""行数"的数值及相关参数，如图 3-39 所示，单击"确定"按钮即可插入一个空白表格。

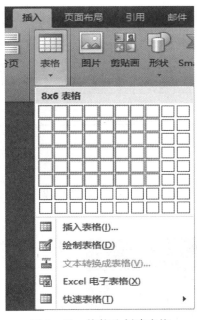

图 3-38 拖拉法创建表格

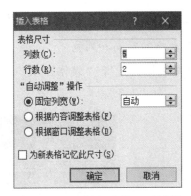

图 3-39 "插入表格"对话框

3. 绘制法

通过手动绘制方法来插入空白表格。在图 3 – 38 中选择"绘制表格"命令，鼠标会变成铅笔状，可以在文档中任意绘制表格，并且这时系统会自动展开"表格工具"下的"设计"选项卡，可以利用其中的命令按钮设置表格边框线或擦除绘制错误的表格线等。

3.5.2 表格的编辑

为满足用户在实际工作中的需要，Word 提供了多种方法来修饰已创建的表格，例如，插入行、列或单元格，删除多余的行、列或单元格，合并或拆分单元格，以及调整单元格的行高和列宽等，下面学习这些知识点。

1. 插入表格

利用插入法插入一个 7 列 13 行的表格，并在表格中输入图 3 – 40 所示文字。

姓名		性别		民族		
出生年月		籍贯		固定电话		
身份证号						
家庭住址				手机号码		本人照片
婚姻状况				政治面貌		
毕业院校				文化程度		
户口所在地				邮编		
履历						
入公司情况	所属部门			担任职务		
	入公司时间			转正时间		
	合同时期时间			续签时间		
备注						

图 3 – 40　在表格中录入数据

2. 设置表格的行高和列宽

选中整个表格，选择"表格工具"下的"布局"选项卡，设置"高度"为"0.85 厘米"，"宽度"为"2.3 厘米"，如图 3 – 41 所示。

图 3 – 41　设置行高和列宽

3. 合并单元格

步骤1：选中需要合并的单元格后，单击"布局"选项卡下"合并"组中的"合并单元格"按钮，即可完成合并单元格的操作，如图3-42所示。

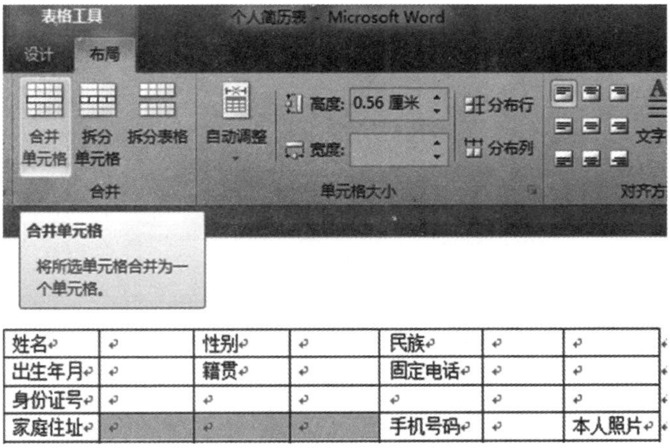

图3-42 合并单元格

步骤2：按照同样的方法合并其他需要合并的单元格，合并后的效果如图3-43所示。如果需要拆分单元格，选中需要拆分的单元格后，单击"布局"选项卡下的"合并"组中的"拆分单元格"按钮即可。

姓名		性别		出生年月		
民族		籍贯		身份证号		
家庭住址						
固定电话				手机号码		本人照片
婚姻状况				政治面貌		
毕业院校				文化程度		
户口所在地				邮编		
履历						
入公司情况	所属部门			担任职务		
	入公司时间			转正时间		
	合同时期时间			续签时间		
备注						

图3-43 合并单元格最终效果图

4. 插入、删除行、列和表格

当需要向已有表格中添加新的记录或数据时，就需要向表格中插入行或单元格，此外，对于不再需要的单元格、行和列，可以将其删除。此时只需选中需要插入或删除的行和列，单击"表格工具"下的"布局"选项卡，在"行和列"组中单击对应的按钮完成操作即可。

5. 设置单元格文字对齐方式

单击"移动控制点"按钮，选择整个表格文本，在"布局"选项卡下"对齐方式"组中单击"水平居中"按钮，如图 3-44 所示。

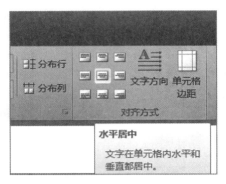

图 3-44　设置文字的对齐方式

6. 设置文字方向

选中"本人照片""入公司情况"两个单元格的文本，单击"布局"选项卡下的"对齐方式"组中的"文字方向"按钮，即可把横向排列的文字设置成纵向排列，如图 3-45 所示。

姓名		性别		出生年月		
民族		籍贯		身份证号		
家庭住址						
固定电话				手机号码		本人照片
婚姻状况				政治面貌		
毕业院校				文化程度		
户口所在地				邮编		
履历						
入公司情况	所属部门			担任职务		
	入公司时间			转正时间		
	合同时期时间			续签时间		
备注						

图 3-45　设置文字的方向

3.5.3 表格的美化

表格创建和编辑完成后，还可以进一步对表格进行美化操作，如设置单元格或整个表格的边框和底纹等。此外，Word 2010 还提供了多种表格样式，利用这些表格样式可快速美化表格，下面便来学习这些知识。

1. 设置边框

选中整个表格后，单击"表格工具"下的"设计"选项卡，设置相应的表格"笔样式""笔画粗细""笔颜色"后单击"边框"下拉按钮，选择应用范围为"外侧框线"。如图 3-46 所示，把个人简历表的外侧框线设置为 0.75 磅深蓝色的双实线。

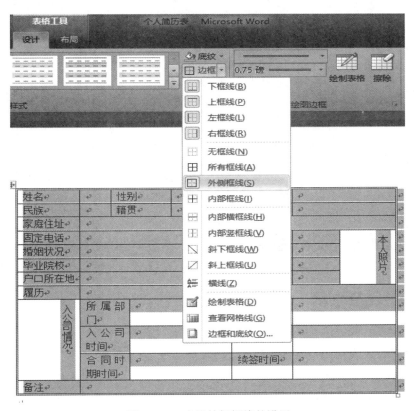

图 3-46　表格外侧框线的设置

2. 设置内部框线效果

按照同样的方法设置内部框线的"笔样式"为"第三种虚线"，"笔画粗细"为"1磅"，"笔颜色"为"紫色"，设置完毕后的效果如图 3-47 所示。

3. 调整表格的行高

如果在表格的设置过程中遇到表格的行高不够而需要调整的情况时，可以使用鼠标来调整。

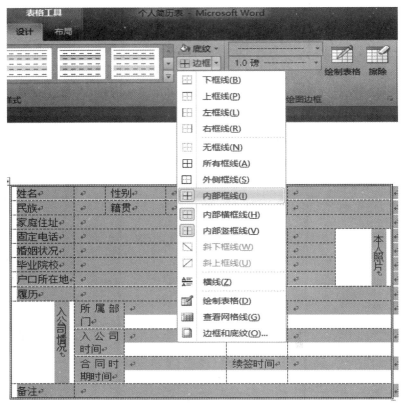

图 3 – 47　表格内部框线的设置

实训："部门采购表.docx" 制作

实训目标

◉掌握插入表格的方法

◉学会快速录入表格内文字的方法

◉学会编辑公司采购表

◉掌握美化表格的各项操作

实施步骤

步骤 1：插入表格。

新建一个 Word 文档，在文档中输入"部门采购表"文字，按 Enter 键切换至下一行。单击"插入"选项卡，在"表格"组中单击"表格"下拉按钮，在弹出的列表框中选择"插入表格"选项，插入一个 5 列 13 行的表格，如图 3 – 48 所示。

步骤 2：输入表格内容，如图 3 – 49 所示。

步骤 3：合并和拆分单元格，并适当调整表格宽度，效果见表 3 – 49。

步骤4：设置表格外边框线和内部框线，并为单元格添加底纹，效果如图3－50所示。

部门采购表

图3－48　插入表格

申请部门		申请日期		
申请人				
序号	物品名称	数量	单位	备注
预算金额		供应商电话		
申请原因				
主管签字				
经理签字				
总经理签字				

图3－49　输入内容并合并、拆分单元格

申请部门			申请日期		
申请人					
序号	物品名称		数量	单位	备注
预算金额		供应商电话			
申请原因					
主管签字					
经理签字					
总经理签字					

图 3 – 50　部门采购表最终效果

3.6　文档的图文混排

在 Word 中不仅可以输入、编排文档、插入表格，还可以插入图片、艺术字和 SmartArt 图形，或绘制图形和文本框等，并可以为这些对象设置样式、边框、填充和阴影等效果，从而制造出图文并茂、美观大方的文档。下面一起来学习这些知识。

一、插入、编辑、美化图片

1. 插入来自文件的图片

打开素材文件，将鼠标指针定位到要插入图片的位置，单击"插入"选项卡下"插图"组中的"图片"按钮，在弹出的"插入图片"对话框中选择需要插入图片的位置和相应的图片后单击"插入"按钮，即可将图片插入文档中，如图 3 – 51 所示。

图 3 – 51　插入来自文件的图片

2. 设置图片的环绕、对齐和旋转方式

默认情况下，图片是以嵌入的方式插入文档中的，此时图片的移动范围受到限制。若要自由移动或是对齐图片等，需要将图片的文字环绕方式设置为非嵌入型，如图 3 – 52 所示。此外，可以根据图片四周的控制点来调整图片的大小，图片上方绿色的点可以完成图片的旋转操作。

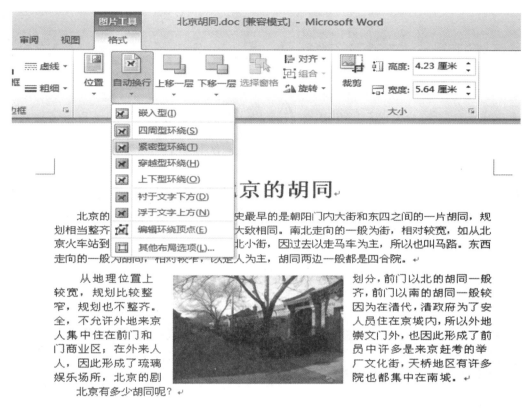

图 3 – 52　设置图片环绕方式

3. 美化图片

在 Word 中除了可以对图片进行各种编辑操作外，还可以在选中图片后，利用"图片工具"的"格式"选项卡"图片样式"组快速为图片设置系统提供的漂亮样式，或为图片添加边框、设置特殊效果等，还可以利用"调整"组调整图片的亮度、对比度和颜色等。

二、插入艺术字

Word 2010 的艺术字库中包含了许多艺术字样式，选择所需的样式，输入文字，就可以轻松地在文档中创建漂亮的艺术字。创建艺术字后，还可以利用"绘图工具"的"格式"选项卡对艺术字进行各种编辑和美化操作。下面便来学习这些知识。

1. 创建艺术字

要在文档中创建艺术字，首先选中需要设置为艺术字的文字，然后单击"插入"选项卡上"文本"组中的"艺术字"按钮，打开"艺术字样式"列表，选择一种艺术字样式，如图 3 – 53 所示。

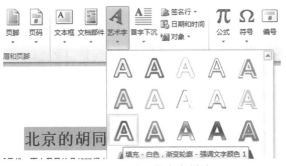

图 3 – 53　设置艺术字样式

2. 编辑和美化艺术字

编辑和美化艺术字的方法与编辑和美化图片或图形的相似，即可通过"绘图工具"的"格式"选项卡中的各个组来实现，如图 3 – 54 所示。

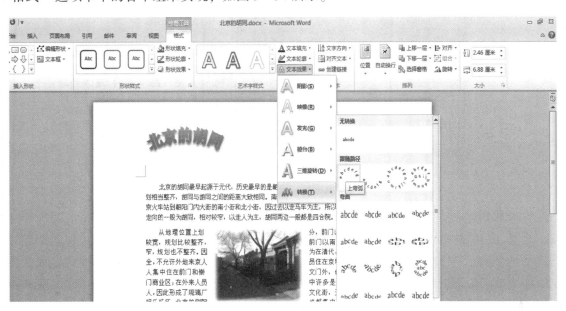

图 3 – 54　美化艺术字

三、在文档中插入图形和文本框

除了可以在文档中插入图片、艺术字外，还可以在文档中轻松绘制出各种图形和文本框，如线条、正方形、椭圆和星形等，以丰富文档内容和方便排版。绘制好图形后，还可以利用自动出现的"绘图工具"的"格式"选项卡对其进行各种编辑和美化操作，使图形效果更加精彩。

1. 绘制图形并设置形状

插入形状包括插入现成的形状，如矩形、线条、箭头、流程图、符号与标注等。插入形状的操作步骤和插入图片的类似。

单击"插入"选项卡下"插图"组中的"形状"下拉按钮，在弹出的下拉列表中选择"矩形"形状，当鼠标指针变为十字形状时，在文档头部拖动鼠标绘制一个图形。在形状绘制好之后，单击"绘图工具"的"格式"选项卡上"形状样式"组中的按钮，可以设置图形的形状，如图3-55所示。

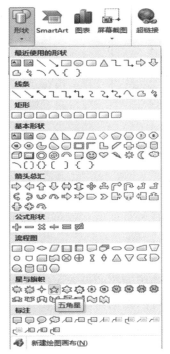

图3-55 绘制形状

2. 绘制文本框

文本框是一种图形对象，可以独立地存放文本或图形，放置在页面中的任意位置，用户也可以根据需要随意调整文本框的大小。文本框分为横向文本框和纵向文本框，下面以插入横向文本框为例介绍其具体操作方法。

在文档尾部，单击"插入"选项卡下"文本"组中的"文本框"下拉按钮，在弹出的下拉列表中选择"绘制文本框"选项，鼠标指针将变为十字形状，按住鼠标左键并拖动，即可手动绘制指定大小的文本框，如图3-56所示。

3. 设置文本框样式

选中文本框，单击"格式"选项卡下"形状样式"组中的"其他"按钮，打开主题样式列表框，从中选择所需要的主题样式即可。

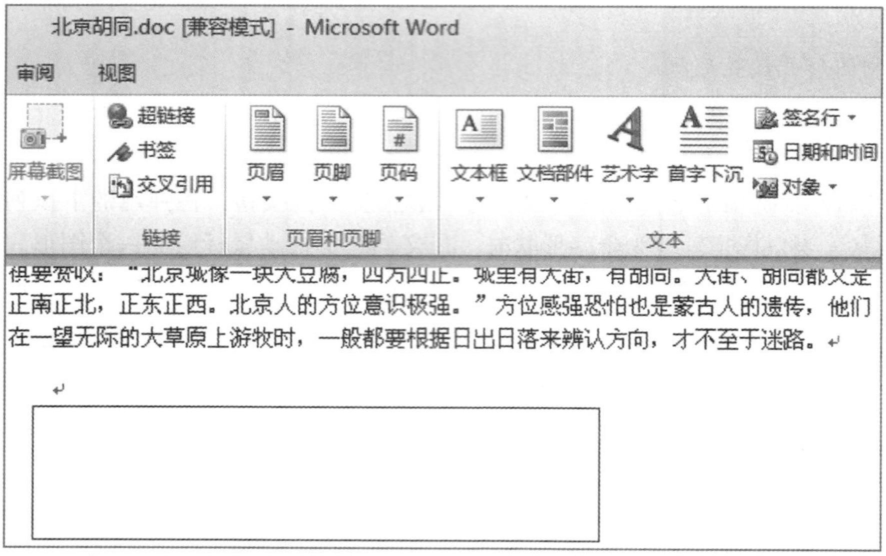

北京胡同.doc [兼容模式] - Microsoft Word

审阅　视图

屏幕截图　超链接　书签　交叉引用　页眉　页脚　页码　文本框　文档部件　艺术字　首字下沉　签名行　日期和时间　对象

链接　　页眉和页脚　　文本

俱要贺收："北京瑞像一块大豆腐，四万四正。琥里有大街，有胡同。大街、胡同都又是正南正北，正东正西。北京人的方位意识极强。"方位感强恐怕也是蒙古人的遗传，他们在一望无际的大草原上游牧时，一般都要根据日出日落来辨认方向，才不至于迷路。

图 3 – 56　插入文本框

3.7　页面设置与打印输出

在 Word 中对文档的页面进行设置，可以使文档整体效果更好，主要包括设置页面格式、插入页眉和页脚、插入页码、分栏等操作。设置好页面后，就可以进行打印输出了。

一、设置页面格式

页面设置包括对纸张大小、页边距、文档网格和版面等的设置。这些设置是打印文档之前必须要做的工作，可以使用默认的页面设置，也可以根据需要重新设置。页面设置既可以在输入文本之前进行，也可以在输入的过程中或输入之后进行。

1. 设置页边距、纸张方向

步骤 1：打开素材"北京胡同"，单击"页面布局"选项卡下"页面设置"组中的"对话框启动器"按钮，如图 3 – 57 所示。

图 3 – 57　打开"页面设置"对话框

步骤 2：在弹出的"页面设置"对话框的"页边距"选项卡中设置"上""下""左""右"页边距均为 2.8 厘米，设置"纸张方向"为"横向"；在"纸张"选项卡中设置"纸张大小"为"B4"，如图 3 – 58 所示。

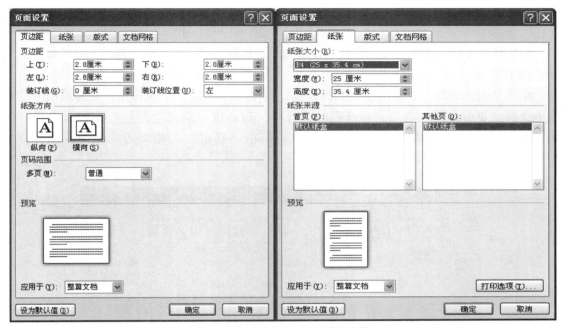

图3-58 设置页边距和纸张参数

2. 设置版式和文档网格

在"页面设置"对话框的"版式"选项卡中设置页眉和页脚距边界分别为1.2厘米和1.5厘米；在"文档网格"选项卡中设置网格为"指定行和字符网格"，每行字符数为"39"，最后单击"确定"按钮即可完成页面设置操作，如图3-59所示。

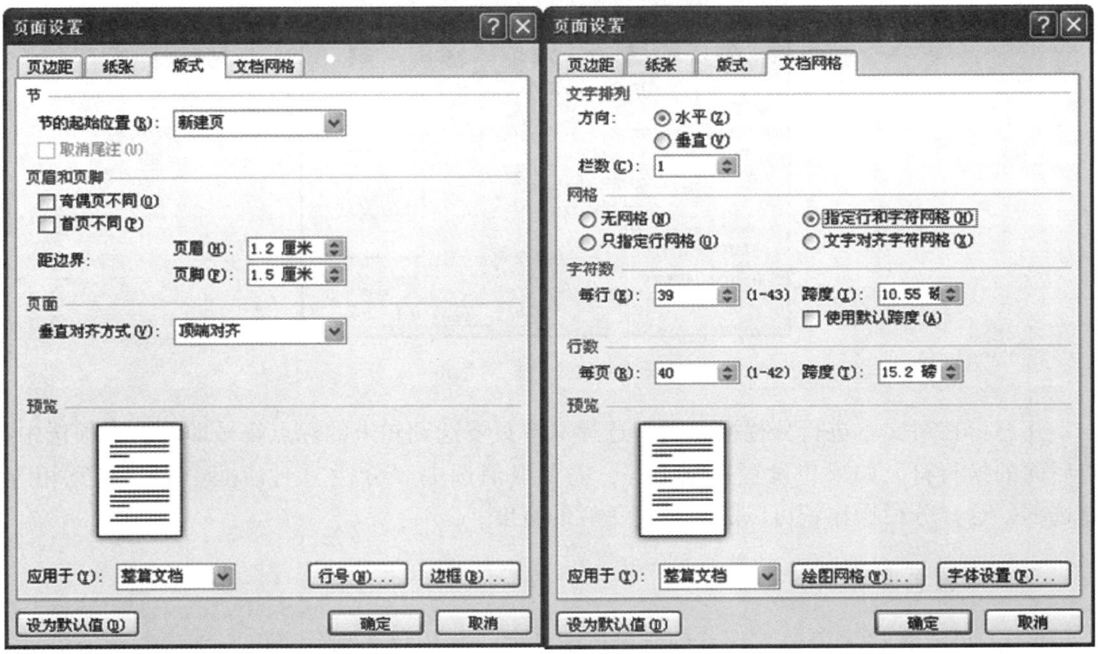

图3-59 设置版式和文档网格参数

二、设置分栏

分栏操作可使文本便于阅读，并且使版面显得比较活泼，主要操作包括设置栏数、栏宽和栏间距等。

单击"页面布局"选项卡下"页面设置"组中的"分栏"下拉按钮，在弹出的下拉列表中选择"更多分栏"选项，在弹出的"分栏"对话框中单击"两栏"按钮，设置"间距"为"5字符"，选中"分隔线"复选框，单击"确定"按钮即可完成分栏操作，如图3-60和图3-61所示。

图3-60　设置"分栏"

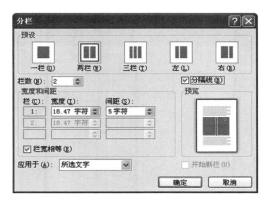

图3-61　分栏对话框

注意：在对文本进行分栏操作时，选择文本只要选到句末的标点符号即可，无须选中标点后面的换行符。如果想设置栏宽不等，需要取消选中"分栏"对话框中的"栏宽相等"复选框，这样分栏操作就可以随意设置每栏的宽度。

三、设置页面背景

Word 2010提供了设置文档页面背景色的功能，利用这个功能可以为文档的页面设置背景色，背景色可以选择填充颜色、填充效果（如渐变、纹理、图案或图片）。单击"页面布局"选项卡下"页面背景"组中的"页面颜色"按钮，在弹出的下拉列表中选择合适的背景颜色，如图3-62所示。

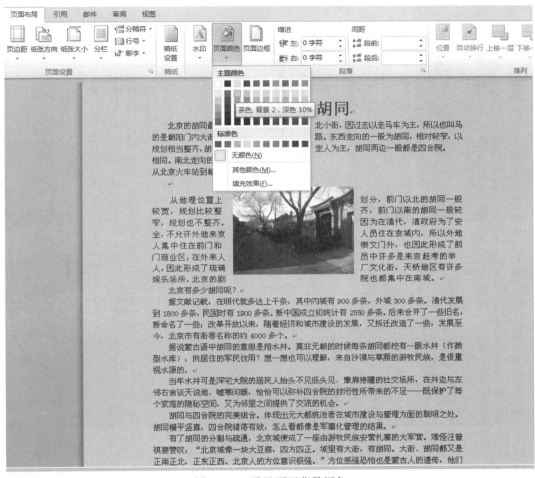

图3-62 设置页面背景颜色

除了给页面添加背景颜色之外，还可以为页面设置水印的效果、图案的效果和页面边框。

四、设置页眉和页脚

页眉和页脚分别位于文档每页的顶部或底部，可以插入页码、日期等文字或图标。可以在文档中自始至终使用同一个页眉和页脚，也可在文档的不同部分使用不同的页眉和页脚。

1. 插入页眉

（1）单击"插入"选项卡下"页眉和页脚"组中的"页眉"下拉按钮，在弹出的下拉列表中选择"编辑页眉"选项，如图3-63所示。

（2）在页眉位置的文本框中输入所需的页眉文本，并设置相应的字体字号即可，如图3-64所示。

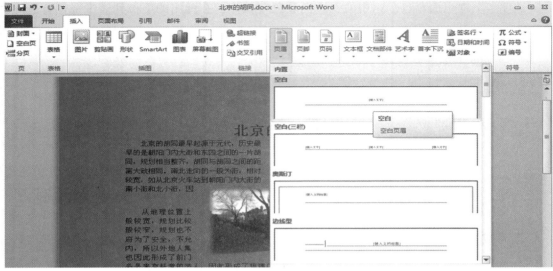

图 3 – 63　插入页眉

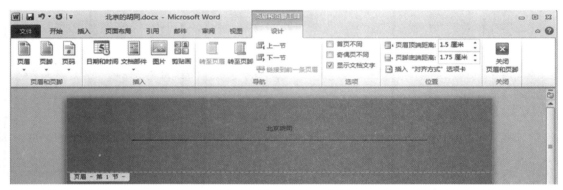

图 3 – 64　输入页眉文本

2．插入页脚和页码

（1）在"页眉和页脚工具"的"设计"选项卡中，按照插入页眉的方法插入页脚和页码，如图 3 – 65 所示。

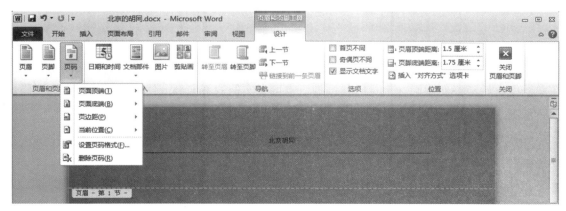

图 3 – 65　插入页脚和页码

（2）设置完页眉和页脚的文档的最终效果如图3－66所示。

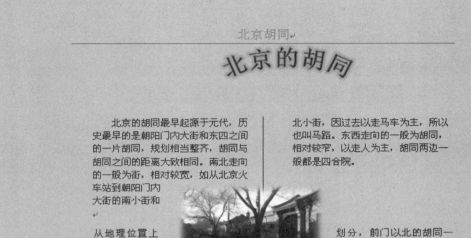

图3－66 最终效果图

（3）删除页眉上横线的方法。

如果删除页眉文字后页面上还保留一根横线，则删除此横线的方法是在页眉编辑状态下选中页眉，将其样式设置为"正文"即可。

3．退出页眉和页脚

设置完页眉和页脚后，单击"关闭"组中的"关闭页眉和页脚"按钮，即可退出页眉和页脚编辑状态，返回到文档编辑界面。

五、浏览文档与打印输出

1．浏览文档

Word 2010为用户提供了页面视图、阅读版式视图、Web版式视图和大纲视图等视图方式，以方便用户浏览。用户可以在"视图"选项卡下"文档视图"组中进行不同方式的切换，如图3－67所示，默认视图为"页面视图"。也可以选择状态栏右侧工具栏上的视图切换按钮进行切换。

2．打印输出

当文档编辑好之后，有时可能需要将其打印出来，单击"文件"选项卡下的"打印"按钮，在弹出的界面中选择打印的"页数"和"份数"后，单击"打印"按钮即可完成操作，如图3－68所示。

图 3-67　视图切换工具栏

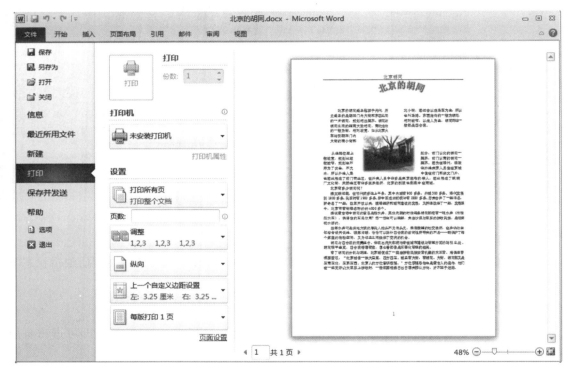

图 3-68　打印设置

3.8　邮件合并

在日常办公事务处理中，经常会遇到把一些内容相同的公文、信件或通知发送给不同的地址、单位或个人的情况，这时可以利用 Word 中的"邮件合并"功能来方便地解决这个问题。

执行邮件合并操作时涉及两个文档：主文档文件和数据源文件。主文档是邮件合并内容中固定不变的部分，即信函中通用的部分；数据源文件主要用于保存联系人的相关信息。

在执行邮件合并操作之前，首先要创建这两个文档，然后将它们关联起来，也就是标识数据源文件中的信息在文档的什么位置出现。完成后"合并"这两个文档，就可以为每一个收件人创建邮件。

一、创建主文档

创建主文档的方法与创建普通文档的相同。用户还可以对其页面和字符等格式进行设置。下面以创建一个缴费通知的主文档为例，介绍创建主文档的方法。

新建一个 Word 文档，其页面设置参数如图 3-69 所示。

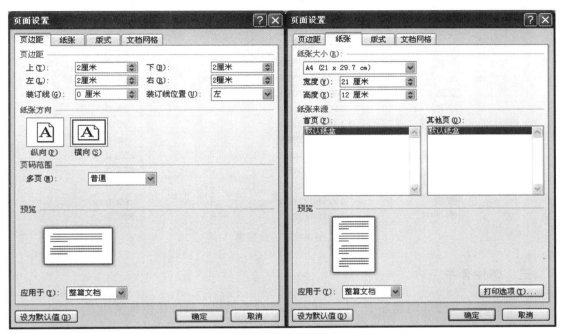

图 3-69　设置主文档页面

输入缴费通知的正文部分（姓名、电话号码、月数和金额位置暂时空着就可以了），并设置其格式，如图 3-70 所示，将其保存为"缴费通知（主文档）"。

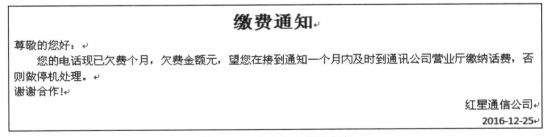

图 3-70　输入主文档的内容

二、创建数据源

要批量制作缴费通知，除了要有主文档外，还需要有欠费人姓名、电话号码、欠费月数及欠费金额等信息。用户可以在邮件合并中使用多种格式的数据源，如 Microsoft Outlook 联系人列表、Access 数据库、Word 文档等。下面以一个 Excel 数据源（图 3-71）为例进行介绍。

姓名	电话号码	欠费月数	欠费金额
李志伟	13003311988	3	312.0
杨成	13312044599	5	368.0
刘达	18388211120	4	425.0
董上军	18666265525	6	480.0
陈连	15912912552	8	512.0
李志伟	13638732807	8	573.0
杨成	15125989893	9	624.0
李志伟	15303344598	3	675.0
杨成	15512644889	5	25.0
刘达	13312877710	4	35.0
董小军	12888757565	3	658.0
陈连	13922827010	5	25.0
李伟	15525887569	4	25.0
杨一成	14644289120	6	25.0
李志	18856462598	8	6.0
杨三成	13312614599	3	252.0
刘一达	13987816458	5	563.0
李小一	13988642587	4	52.0
张成	13255897410	6	62.0
李小中	13325610210	8	656.0

图 3 - 71　数据源

三、邮件合并

数据源和主文档都创建好了之后，进行邮件合并操作。具体操作步骤如下。

步骤 1：打开已创建的主文档，单击"邮件"选项卡"开始邮件合并"组中的"开始邮件合并"按钮，在展开的列表中可以看到"普通 Word 文档"选项高亮显示，如图 3 - 72 所示，表示当前编辑的主文档类型为普通 Word 文档。

步骤 2：单击"开始邮件合并"组中的"选择收件人"按钮，在展开的列表中选择"使用现有列表"，如图 3 - 73 所示。

图 3 - 72　选择创建文档的类型

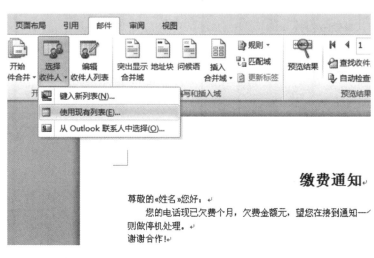

图 3 - 73　选择数据源文件

步骤3：打开"选取数据源"对话框，选中创建好的数据文件"缴费通知（数据源）"文件，如图3-74所示，然后单击"确定"按钮。

图3-74　选择Excel表格

步骤4：将插入符放置在文档中第一处要插入合并域的位置，即"您好"两字的左侧，然后单击"插入合并域"按钮，在展开的列表中选择要插入的域——"姓名""电话号码"等，如图3-75所示。

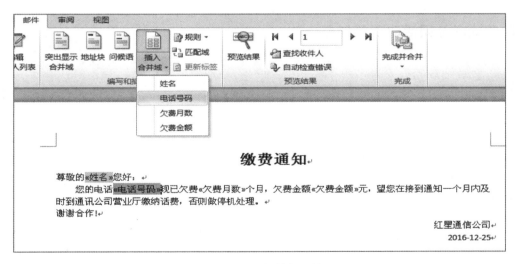

图3-75　选择并插入域

步骤5：单击"完成并合并"按钮，在展开的列表中选择"编辑单个文档"，系统将产生的邮件放置到一个新文档。

步骤6：在打开的"合并到新文档"对话框中选择"全部"单选按钮，然后单击"确定"按钮，完成合并并弹出制作好的缴费通知，如图3-76所示。

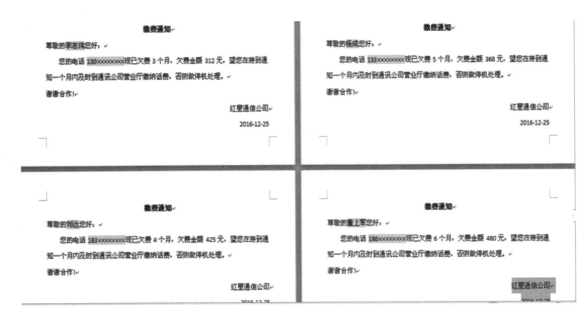

图 3 - 76   制作好的缴费通知单

3.9   排版综合案例

实训："大学社团活动"策划书

实训目标

⊙提高文字、符号录入的速度和准确性

⊙掌握文档格式设置，并能够独立设置文档格式

⊙能够独立完成文档的美化操作

实施要求

（1）启动 Word 软件，输入"大学社团活动"策划书内容，并保存为"活动策划书"（录入）.docx。

（2）将"奖项及奖金设置"和"鸣谢赞助方"两部分内容复制、粘贴至正文最后。

（3）将文中的"10 月"替换为"8 月"。

（4）删除原"奖项及奖金设置"和"鸣谢赞助方"两部分内容，仅保留粘贴后的内容。

（5）将标题设置为"'大学社团活动'策划书"，设置为宋体，二号，加粗。

（6）"一、活动宗旨""二、活动目的""三、主办单位""四、承办单位""五、活动时间""六、活动场地""七、活动的对象""八、参赛要求""九、注意事项""十、具体活动方案""十一、活动准备""十二、比赛所需器械""十三、活动流程""十四、奖项及奖金设置""十五、鸣谢赞助方"几个小标题设置为宋体，四号，加粗。

（7）设置标题的字符间距为3磅。

（8）将标题设置为居中对齐方式，正文设置为两端对齐。

（9）正文段落首行缩进2个字符。

（10）设置正文第一段首字下沉，下沉行数2行，字体为黑体。

（11）正文段间距设置为段前、段后均为0.4行，行间距设置为"固定值""18磅"。

（12）"注意事项"中的注意事项前加项目符号，"活动准备"的内容前加编号。

（13）将"活动目的"中的内容进行分栏排版，分为两栏并加分隔线。

（14）为"活动目的"和"注意事项"添加段落边框和底纹，边框线型为红色双实线，磅值为0.5磅，底纹颜色为粉色。

（15）为整个页面添加艺术型边框，样式为"椰子树"。

（16）为文档添加页面背景。

（17）为文档添加水印，水印内容为"严禁复制"。

（18）添加页眉，页眉内容为"策划书"，添加罗马数字为页码，页码底端居中。

（19）使用宽度25厘米、高度35厘米的打印纸打印活动策划书，设置纸张大小。

（20）页边距设置为上、下、左、右均为2厘米。

策划书内容如下：

"大学社团活动"策划书

富有青春活力的当代大学生不仅仅要在学习上优秀，更应该注重全面发展，并得以逐步完善。通过此次活动不仅能锻炼大学生的心理素质及克服困难的能力，由励志学社宣传、组织、策划并举办的这一活动将会有大量的在校学生参与。本次活动是由励志学社举办，得到校学工处、校团委、社团联合会等官方组织及学校领导的高度重视，并给予大力的支持和配合。相信在学校各部门的鼎力相助和参与下，这将是一个成功的活动。

一、活动宗旨

健康运动、团结互助、增进友谊。

二、活动目的

为了增强新生学生体育锻炼的意识，以组织比赛的形式为大学生们创造运动机会。通过拔河比赛发扬团队精神，增强班级、系部的凝聚力，提高我院学生团体合作和坚韧不拔的精神；丰富我系大学生校园生活，增强师生之间的相互了解；促进同学之间的友好相处，使校园文化气氛更加和谐美好。

十四、奖项及奖金设置

资金来源：励志学社通过拉赞助获得资金。

十五、鸣谢赞助方

三、主办单位

南通纺织院励志学社

四、承办单位

学院社团

五、活动时间

2017 年 10 月

六、活动场地

南通纺织职业技术学院篮球场（北）

七、活动的对象

2017 级新生

八、参赛要求

（1）每队共 12 人，男生 8 人，女生 4 人，其中一名任队长。

（2）参赛队员必须是同班学生。

九、注意事项

为确保比赛安全，一局比赛得出输赢后不可立即松开绳，以免造成对方队员受伤，若有违规，当场给予批评，严重违规者，取消继续比赛资格。

必须听从裁判员的公证裁判及工作人员的指挥，遵守比赛纪律，做到友谊第一，比赛第二。对违反比赛规则，又不听从劝阻的，直接给予判输处罚。

比赛时不得冒名顶替，拉拉队队员不可上场帮忙，一经发现，立即取消比赛资格。

每队 12 个参赛队员为固定人员，不可中途换人，一经发现，立即取消比赛资格。

十、具体活动方案

1）主办方：南通纺织院学生工作处

2）承办方：励志学社

3）比赛形式：以组为单位

4）每组成员：12 个人

十一、活动准备

由学工处负责活动场地的申请。

由机电系宣传部负责提前出海报，选出的一份海报在活动举行前两天贴在海报栏，并由宣传部提前一周在各系的各班对本次活动做一次宣传。

各班级联络员统计好参赛名单并告知参赛者具体的参赛时间。

外联部要在活动准备之前就拉到赞助，方便经费的支出；购买小礼品。

实践部负责活动中需要的物品（如相机一两部等）。

纪检部负责现场秩序。

邀请各系社长作为评委。

十二、比赛所需器械

口哨若干、小红布、拔河用的绳子、喇叭、粉笔、小旗等。

十三、活动流程

最终效果如图 3－77 所示。

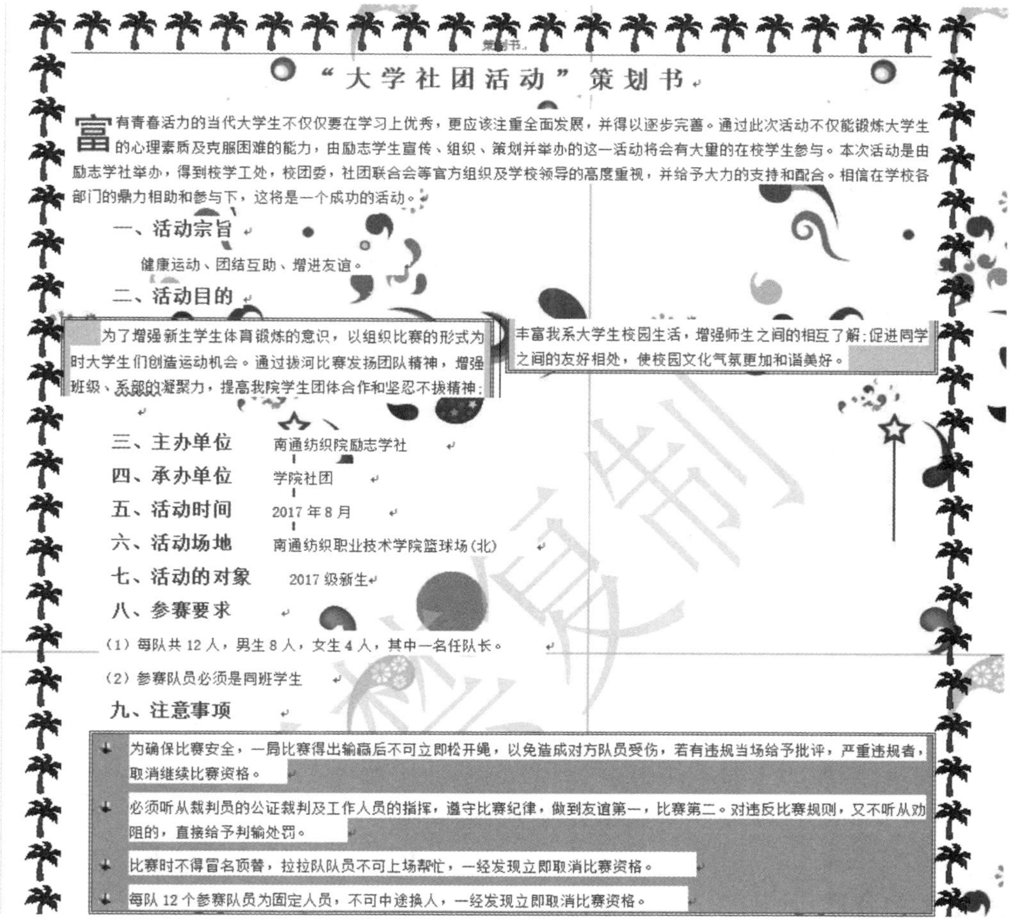

图 3-77　策划书最终效果

习题与实训

一、单项选择题

1. 如果想关闭 Word 2010，可在程序窗口中单击"文件"选项卡，选择（　　）命令。

A. 打印　　　　　　　B. 退出　　　　　　　C. 保存　　　　　　　D. 关闭

2. Word 2010 文档以文件的形式被存放在磁盘中，其默认的文件扩展名为（　　）。

A. dot　　　　　　B. docx　　　　　　C. doc　　　　　　D. dotx

3. 在 Word 2010 中，如果用户要绘制图形，则一般都要切换到（　　）视图，以便确定图形的大小和位置。

A. 页面　　　　　　　　　　　B. 大纲

C. 草稿　　　　　　　　　　　D. Web 版式

4. Word 2010 工作界面不包括（　　）。

A. 标题栏　　　　　　　　　　　　　　　B. 快速访问工具栏

C. 视图栏　　　　　　　　　　　　　　　D. 幻灯片编辑区

5. 在大多数中文输入法状态下，实现全/半角之间切换的操作可以按（　　　）。

A. Caps Lock 键　　　　　　　　　　　　B. Ctrl + . 组合键

C. Shift + 空格组合键　　　　　　　　　D. Ctrl + 空格组合键

6. Word 2010 属于（　　　）。

A. 操作系统　　　　　　　　　　　　　　B. 数据库管理系统

C. 文字处理软件　　　　　　　　　　　　D. 通信软件

7. 在 Word 2010 程序窗口的状态栏中，不包括（　　　）。

A. 文档页码和字数统计　　　　　　　　　B. 显示比例

C. 改写/插入状态　　　　　　　　　　　D. 打印预览与打印

8. Word 2010 最主要的功能是（　　　）。

A. 表格处理　　　　　　　　　　　　　　B. 绘制图形

C. 文字处理　　　　　　　　　　　　　　D. 以上三项都是

9. 在 Word 2010 中，要新建文档，应选择（　　　）选项卡中的"新建"命令。

A. "文件"　　　　B. "编辑"　　　　C. "插入"　　　　D. "格式"

10. 当功能区中有些项目呈灰色状态时，表示（　　　）。

A. 该项目是不能用的　　　　　　　　　　B. 该项目暂时不能用

C. 只要鼠标单击该项目就能用　　　　　　D. 该项目还有下级菜单

11. 启动 Word 2010 后，第一个新文档（　　　）。

A. 没有文件名　　　　　　　　　　　　　B. 自动命名为"＊,doc"

C. 自动命名为"doc.1"　　　　　　　　　D. 自动命名为"文档1"

12. Word 2010 中默认的段落对齐方式是（　　　）。

A. 两端对齐　　　　B. 居中对齐　　　　C. 右对齐　　　　D. 分散对齐

13. Word 2010 中不能在"页面设置"对话框中（　　　）。

A. 设置纸张的大小　　　　　　　　　　　B. 设置每页的行数及每行的字符数

C. 设置水印　　　　　　　　　　　　　　D. 设置页面边距

14. 在 Word 2010 中，若选取的文本块中包含多种字号的汉字，则"字号"框中显（　　　）。

A. 尾字的字号　　　　　　　　　　　　　B. 首字的字号

C. 空白　　　　　　　　　　　　　　　　D. 文本块中最小的字号

15. 在 Word 2010 中，要使文档各段落的第一行全部空出两个汉字位，可以对文档的各段落进行（　　　）。

A. 首行缩进　　　　B. 悬挂缩进　　　　C. 左缩进　　　　D. 右缩进

16. 下面设置不能通过"字体"对话框实现的是（　　　）。

A. 将选定文字设为"金色"，文字加粗并添加下划线

B. 将选定文字设为下标

C. 使选定的文字居中对齐

D. 缩小选定文字的间距并使其位置降低

17. 在 Word 2010 中，在"段落"对话框中的"特殊格式"下进行首行缩进距离设置是以页面的（　　　）为基准的。

　　A. 上边距　　　　　　B. 下边距　　　　　　C. 左边距　　　　　　D. 右边距

18. 若想在 Word 2010 中调整文本的对齐方式为"居中"，选中文本后，不能通过（　　　）完成设置。

　　A. "开始"功能区→"段落"组→"居中"命令

　　B. "开始"功能区→"段落"对话框启动器→"段落"对话框→"中文版式"选项卡

　　C. "开始"功能区→"段落"对话框启动器→"段落"对话框→"对齐方式"下拉菜单

　　D. 使用快捷键 Ctrl + E

19. Word 2010 中不能在"页面设置"对话框中（　　　）。

　　A. 设置纸张的大小　　　　　　　　　　B. 设置每页的行数及每行的字符数

　　C. 设置水印　　　　　　　　　　　　　D. 设置页面边距

20. 用 Word 建立表格时，表格单元中可以填入的信息（　　　）。

　　A. 只限于文字形式　　　　　　　　　　B. 只限于数字形式

　　C. 为文字、数字和图形等形式　　　　　D. 只限于文字和数字形式

二、填空题

1. 在 Word 中退出程序的快捷键是_____，创建新文档的快捷键是_____，打开文档的快捷键是_____，保存文档的快捷键是_____，剪切的快捷键是_____，复制的快捷键是_____，粘贴的快捷键是_____，全选的快捷键是_____，上标的快捷键是_____，下标的快捷键是_____。

2. 在普通视图和_____视图下，能只显示_____标尺，不能显示_____标尺。在_____视图下两种标尺都能显示，在_____视图下两种标尺都不显示。

3. 在默认情况下，Word 只显示_____和_____工具栏，要显示其他工具栏，可通过_____来显示。

4. 在 Word 中，段落的格式有_____、_____和_____三种。

5. 选定栏是_____与_____之间的不可见栏，鼠标在此变成_____。

6. _____视图用于文本的快速输入，Word 默认的视图方式是_____视图，_____视图的特点是"所见即所得"，可以看到页边距、图文框、多栏、页眉和页脚正确位置的视图是_____，_____视图用于创建文档的大纲，_____视图用于阅读文本。

7. 视图切换可使用_____菜单下的命令和_____左端的视图切换按钮。

8. 可以通过_____命令全屏显示窗口，可以通过_____命令改变窗口显示比例。

9. 每次启动 Word 后，系统自动创建一个缺省名为_____的_____文档。

10. 在默认情况下，Word 文件菜单中保留了_____个最近使用的文档名。

11. 在 Word 中编辑文档时，每按一次 Enter 键就会形成一个_____，"↵"是_____符号。

12. 保存文档以前，文档内容都在计算机_____中，为了永久保存，必须将它保存到_____上。打开文档是指把文档内容从_____调入_____。

13. 当用户第一次保存文档时，会弹出_____对话框。保存文档时，Word 文档的默认名称是_____，默认类型是_____，扩展名是_____。

14. 单击选定栏选中_____，双击选定栏选中_____，_____击选定栏选中全部文本。要选中矩形区域中的文本，先按住_____键，然后拖动鼠标。按住_____键，单击某一句可以选定整个句子。

15. 用键盘选定插入点到它所在行的开头是用_____键，选定上一屏是用_____键。把光标移动到上页顶端是用_____键，把光标移到文档的开头是用_____键。

16. Word 允许同时打开多个文档，每个文档对应一个窗口，其中只有_____个当前正在工作的窗口，叫_____。切换窗口可执行_____命令，重排窗口可执行_____命令。

17. "查找和替换"命令是在_____菜单，Word 可以查找最长包含_____个字符的长句子。用户要想直接对文档中的某一页进行编辑，可使用"编辑"菜单中的_____命令。

18. 设置文字格式，一般先要_____；对某一段文本设置段落格式，只需把光标定位到_____；对多个段落进行段落设置，必须选定_____。

19. 对文档进行格式设置，一般使用_____工具栏的_____工具和_____菜单下的_____命令。

20. Word 段落对齐方式有_____，段落缩进方式有_____。

21. 可以通过拖动_____上的缩进标记，或使用_____菜单中的_____命令来设置段落缩进。

22. Word 默认的字体格式：汉字为_____体，_____号字。默认段落格式：_____行距，_____对齐，纸型为_____。

23. 复制格式可使用"常用"工具栏的_____。逆向使用_____可清除格式。

24. 给文本添加复杂的边框和底纹，可使用"格式"菜单下的_____命令。

25. 设置字体格式可使用"格式"菜单下的_____命令，设置段落格式可使用"格式"菜单下的_____命令，对文档进行页面设置可使用_____菜单下的"页面设置"命令。

26. 当编辑的文档超过一页时，Word 会_____分页；如果要进行人工分页，可使用_____命令。

27. 若要在文档中插入页码，可使用_____命令。

28. 在文档中插入页眉和页脚可使用_____命令。在页眉与页脚编辑状态下，文档的正文呈_____显示。

29. 使用_____命令可以进行分栏排版。使用_____命令可以设置首字下沉，下沉的方式分为_____和_____两种。

30. 在 Word 表格中，行与列的交叉处是一个矩形框，称这些矩形框为_____，表示第 4 行第 2 列的单元格地址是_____。对 Word 中的表格进行处理可使用_____菜单下的相关命令。

三、操作题

1. 文字录入。

（1）录入以下文字与符号并保存文档，20 分钟之内完成。

📖范蠡经商的成功之处在于，他能不断总结、概括"治生之学"，提升商家理念。

范大夫经商处事从不只顾眼前利益、就事论事，而是善于用辩证思维方法去指导商务活动。他认为：世间一切事物都在不断发展变化，时局的兴衰、商潮的起落也不例外。在经营过程中，应能审时度势，因势利导，待时而动。

例如，范大夫著名的经营原则"水则资车，旱则资舟"，就是他比别人看远一步、棋高一招的经营辩证法，如同"敌国破，谋臣亡"那样富有远见卓识。

尽管时代不同了，但是"商人的眼光将决定着商人的未来"这一理念并没有变。商人有国籍，但生意无疆界。商品的比较价值和比较优势是在商品的大跨度的流动中显示出来的。尤其是在国际贸易中，独特的地域性资源、廉价的劳动力成本、新颖的创造性设计、令人信服的商品质量和独一无二的售后服务，都能产生比较价值和比较优势。中国商人已经到了需要放眼全球的时候了，已经到了需要创立世界名牌的时候了。谁能成为先觉者，高瞻远瞩，先行一步，谁就能在 21 世纪成为中国商界的佼佼者。◇

（2）录入以下文字与符号并保存文档，20 分钟之内完成。

※1950 年后，巴金历任上海市文联副书记、书记，政务院文化教育委员会委员，华东军政委员会文化教育委员会委员，中国文联副书记，中国作家协会副书记、代书记、书记，中国作家协会上海分会书记，上海市政协副书记，《文艺月报》《收获》《上海文学》主编，茅盾文学奖委员会主任委员，中华文学基金会会长，中国田汉基金会名誉理事长。1983 年、1988 年当选为第六、第七届全国政协副书记。1993 年 3 月当选为第八届全国政协副书记。1996 年 12 月当选为中国作家协会第五届委员会书记。1998 年 3 月当选为第九届全国政协副书记。2001 年 12 月当选为中国作家协会第六届委员会书记。他还是一至四届全国人大代表，第五届全国人大常委会委员。◎

1922 年在《时事新报·文学旬刊》上发表《被虐者的哭声》等新诗。1927 年旅居法国期间，创作了处女作长篇小说《灭亡》。1931 年《激流三部曲》之一的《家》在《时报》连载。《家》是巴金的代表作，也是中国现代文学史上最杰出的作品之一，被译成 20 多种文字。1934 年他写了《神》《鬼》《人》三部短篇。长篇小说有《爱情三部曲》（《雾》《雨》《电》）、《激流三部曲》（《家》《春》《秋》）及《抗战三部曲》（《火》之一、之二、之三），中篇小说有《憩园》《寒夜》。★

2. 文档格式设置。

（1）打开素材文件"普陀山 .docx"，按以下要求设置文档格式。

（2）查找替换：把全文中的"普陀上"改为"普陀山"（不包括双引号）

（3）设置字体：第 1 行标题设置为方正楷体，正文第 1 段文字设置为仿宋，最后一段文字设置为方正姚体。

（4）设置字号：第 1 行标题设置为二号字，正文第 1 段文字设置为小四号。

（5）设置字形：正文第 1、第 2、第 3 段开头的"普陀山"加粗，加着重号。

（6）设置对齐方式：第 1 行标题设置为居中对齐方式。

（7）设置段落缩进：正文全文的左、右缩进设置为 2 字符，正文第一行文字的首行缩进设置为 2 字符。

（8）设置行（段落）间距：第 1 行标题的段前、段后设置为 0.5 行，正文各段文字的段前、段后设置为 0.5 行，正文各段文字的行距设置为固定值 20 磅。

（9）设置首字下沉，下沉行数为 2 行，字体为宋体。

（10）为文档最后一段添加段落边框，边框线颜色为"深蓝色"。

样文：

普陀上

普陀上是我国四大佛教名山之一，同时也是著名的海岛风景旅游胜地。如此美丽，又有如此众多文物古迹的小岛，在我国可以说是绝无仅有。普陀上位于浙江省杭州湾以东约 100 海里，是舟山群岛中的一个小岛。全岛面积 12.5 平方千米，呈狭长形，南北最长处为 8.6 千米，东西最宽处为 3.5 千米。最高处佛顶山，海拔约 300 米。

普陀上的海天景色，不论在哪个景区、景点，都使人感到海阔天空。虽有海风怒号，浊浪排空，却并不使人有惊涛骇浪之感，只觉得这些异景奇观使人振奋。

普陀上作为佛教圣地，最盛时有 82 座寺庵，128 处茅棚，僧尼达 4 000 余人。来此旅游的人，在岛上的小径间漫步，经常可以遇到身穿袈裟的僧人。美丽的自然风景和浓郁的佛都气氛，使它蒙上一层神秘的色彩，而这种色彩也正是它对游人有较强吸引力的地方。

3. 制作个人简历表，并美化表格。

4. 图文混合排版。

（1）打开素材"乐园失掉了吗？.docx"。

（2）将文章标题设置为 2 号、隶书、居中、红色。

（3）将全文中所有"自然"二字加上红色双下划线，并设置成空心。

（4）设置第三段段前、段后间距分别为 8 磅，行间距为 3 倍行距。

（5）将第二段分为等宽两栏排版，第一栏宽度为 7 厘米，并加上分隔线。

（6）给整篇文档加上艺术型页面边框（方框）"小铅笔"。

（7）在文档中插入图片，并设置图片环绕方式为"四周型"，置于文档中间。

（8）保存文档为"乐园失掉了吗？.docx"于桌面上。

样文：

乐园失掉了吗？

在这行星上的无数生物中，所有的植物对于大自然完全不能表示什么态度，一切动物对于大自然，也差不多没有所谓"态度"。然而世界居然有一种叫做人类的动物，对于自己及四周的环境均有相当的意识，因而能够表示对于周遭事物的态度：这是很可怪的事情。

人类对宇宙有一种科学的态度，也有一种道德的态度。在科学方面，人类所想要发现的，就是他所居住的地球的内部和外层的化学成分，地球四周的空气的密度，那些在空气上层活动着的宇宙线的数量和性质，山与石的构成，以及统御着一般生命的定律。这种科学的兴趣与道德的态度有关，可是这种兴趣的本身纯粹是一种想知道和想探索的欲望。在另一方面，道德的态度有许多不同的表现，对大自然有时要协调，有时要征服，有时要统制和利用，有时则是目空一切的鄙视。最后这种对地球目空一切的鄙视态度，是文化上一种很奇特的产品，尤其是某些宗教的产品。这种态度发源于"失掉了乐园"的假定，而今日一般人因为受了一种原始的宗教传统的影响，对这个假定信以为真，这是很可怪的。

对于这个"失掉了的乐园"的故事是否确实，居然没有一个人提出疑问来，可谓怪事。伊甸乐园究竟是多么美丽呢？现在这个物质的宇宙究竟是多么丑恶呢？自从亚当和夏娃犯罪以后，花不再开了吗？上帝可否因为一个人犯了罪而咒诅苹果树，禁止它再结果呢？或是他曾经是否决定要使苹果花的色泽比以前更暗淡呢？金莺、夜莺和云雀不再唱歌了吗？雪不再落在山顶上了吗？湖沼中不再有反影了吗？落日的余晖、虹影和轻雾，今日不再笼罩在村落上了吗？世界上不再有直泻的瀑布、潺潺的流水、多荫的树木了吗？所以，"乐园失掉了"的神话是什么人杜撰出来的呢？什么人说我们今日是住在一个丑陋的世界呢？我们真是上帝纵容坏了的忘恩负义的孩子。

我们得替这位纵容坏了的孩子写一个譬喻。有一次，世界上有一个人，他的名字我们现在暂且不说出来。他跑去向上帝诉苦说，这个地球给他住起来还不够舒服，他说他要住在一个有珍珠门的天堂。

5. 页面设置。

（1）打开素材"庆祝公司成立十周年启事.docx"。

（2）简单排版（如标题及正文的字体字号、首行缩进等）。

（3）设置纸张大小为B5，纸张方向为纵向，上下、左右页边距各2厘米和3厘米。

（4）设置每行35个字，每页40行，最后另存文档为"启事.docx"于桌面上。

6. 邮件合并。

制作"家庭报告书"。

（1）新建"家庭报告书（主文档）"文档。

（2）在文档中输入家庭报告书内容并设置其格式，然后在相应位置插入一个6行4列的表格，输入表格内容后进行编辑操作，如合并单元格、表格文本对齐、表格与页的对齐，最后效果如图3-78所示。

（3）数据源和主文档都准备好了，下面进行邮件合并。打开创建的主文档，然后单击"邮件"选项卡上的"开始邮件合并"组中的"选择收件人"按钮，在展开的列表中选择"使用现有列表"项。

（4）打开"选择数据源"对话框，选择"项目七"文件夹中的"2016春成绩表"。

（5）单击"确定"按钮后，在打开的"选择表格"对话框中保持默认选项不变（因为"Sheet1"工作表中的数据正是我们所需要的），然后单击"确定"按钮。

（6）将插入符置于文档所需的位置，然后单击"编写和插入域"组中的"插合并域"按钮，依次在展开的列表中选择"学号"和"姓名"，将"学号"和"姓名"域插入。

（7）将插入符置于表格中"网页设计"单元格右侧的单元格中，然后在"插入合并域"列表中选择"网页设计"域，将该域插入。

贵家长：

　　2016 学年春季学期已结束,现将贵子(女)在我院管理系经济信息管理专业学习的成绩、考勤、操作评语等通知如下。如有不及格科目,请家长督促贵子(女)在假期期间认真复习,以备开学时补考,同时教育其遵纪守法,安排适量时间结合所学专业进行社会调查及其它有意义的社会活动,并按时返校报到注册。

　　下学期报到注册时间:2016 年 9 月 1 日开始上课时间:2016 年 9 月 3 日。

　　特此通知

管理系(部)
2016

科目	成绩总评	科目	成绩总评
网页设计		管理模拟	
市场信息学		计算机网络	
人力资源		经济法	
商务英语		关系管理	
总分			

年 7 月 20 日学习成绩表

请家长在暑假督促其进行社会实践锻炼。

　　此致

敬礼!

班主任：·XX

图 3 - 78　家庭报告书（主文档）

　　（8）分别将插入符置于相应的单元格中，然后在"插入合并域"列表中选择相应域插入。

　　（9）将插入符置于表格下方，然后在"插入合并域"列表中选择"姓名"，将该域插入。

　　（10）单击"完成"组中的"完成并合并"按钮，在展开的列表中选择"编辑单个文档"，系统将产生的邮件放置到一个新文档。

　　（11）在打开的"合并到新文档"对话框中选择"全部"单选按钮，然后单击"确定"按钮。

　　（12）Word 将根据设置自动合并文档并将全部记录存放到一个新文档中。最后另存文档为"家庭报告书（邮件合并）"于桌面上。

第4章

<<<<<

Excel 2010 电子表格软件

Excel 2010 是微软公司推出的电子表格软件，同时也是 Microsoft Office 中重要的组件之一。Excel 2010 主要用于对数据进行记录、组织、分析和统计，通过电子表格可以制作各种图表、折线图、条形图等，也可以对数据进行排序、筛选和分类汇总等操作。

4.1 Excel 2010 工作界面

想要使用 Excel 2010 进行数据处理工作，首先要了解电子表格的几个基本概念及启动、退出方式，并掌握其工作界面的组成。

4.1.1 基本概念

1. 工作簿

工作簿是 Excel 环境中用来存储并处理工作数据的文件。也就是说，Excel 文档就是工作簿。它是 Excel 工作区中一个或多个工作表的集合，它的扩展名是".xlsx"或".xls"。每一个工作簿默认包含 3 个工作表，分别为"Sheet1""Sheet2""Sheet3"。一个工作簿最多可建立 255 个工作表。

2. 工作表

工作表是显示在工作簿窗口中的表格，一个工作表可以由 1 048 576 行和 256 列构成，行的编号从 1 到 1 048 576，列的编号依次用字母 A，B，…，Ⅳ表示，行号显示在工作簿窗口的左边，列标显示在工作簿窗口的上边。每个工作表有一个名字，工作表名显示在工作表标签上。

3. 单元格

单元格是表格中行与列的交叉部分，它是组成表格的最小单位，可拆分或者合并。单个数据的输入和修改都是在单元格中进行的。

单元格位置是由它所在行和列来确定的，常用的引用方式有两种：A1 引用样式和 R1C1 引用样式。

默认情况下，Excel 使用 A1 引用样式，此样式引用字母标识列（从 A 到 Ⅳ，共 256 列）和数字标识行（从 1 到 65 536）。这些字母和数字称为列标和行号。若要引用某个单元格，输入列标和行号即可。例如，B2 引用列 B 和行 2 交叉处的单元格。

在 R1C1 样式中，Excel 指出了行号在 R 后而列号在 C 后的单元格的位置。例如，R2C3 相当于 A1 引用样式的 C2，即引用行 2 和列 C 交叉处的单元格。

4.1.2 启动与退出

1. Excel 2010 的启动

Excel 2010 的启动有以下几种方法。

（1）通过"开始"菜单启动：单击"开始"→"所有程序"→"Microsoft Office"→"Microsoft Excel 2010"，如图 4 - 1 所示。

图 4 - 1　Excel 2010 的启动

（2）通过桌面快捷方式启动：双击桌面上的 Excel 2010 快捷方式图标 。

（3）通过"文档"启动：双击计算机中存储的某个 Excel 2010 文档。

2. Excel 2010 的退出

Excel 2010 成功启动后，可以使用以下方法关闭工作簿，或者关闭 Excel 2010 软件。

（1）单击工作界面右上角"关闭"按钮 　 。

（2）选择"文件"→"退出"，即可关闭 Excel 2010 软件。

（3）选择"文件"→"关闭"，可以关闭正在编辑的工作表，如图 4 - 2 所示。

（4）通过 Alt + F4 组合键可快速关闭 Excel 2010 软件。

图 4 - 2　Excel 2010 的退出

4.1.3　Excel 2010 工作界面的组成

Excel 2010 启动成功后，可看到它的整个工作界面，如图 4 - 3 所示。

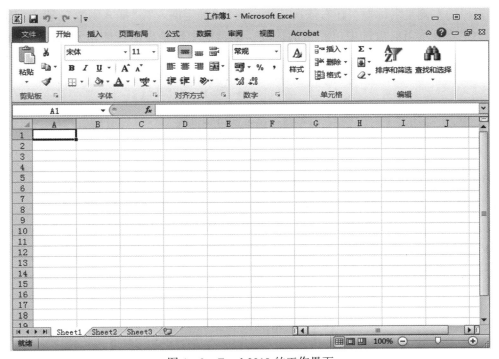

图 4 - 3　Excel 2010 的工作界面

1. 标题栏

标题栏在整个工作界面的最顶部，包含 3 个部分，最左侧是快速访问工具栏及保存、撤销、还原按钮 ![按钮]，用户可以使用这些按钮快速进行操作；中间部分显示了当前工作簿的名称 ![工作簿1 - Microsoft Excel]；最右侧是 3 个控制按钮，分别是"最小化"按钮、"最大化/还原"按钮及"关闭"按钮 ![控制按钮]。

2. 功能区

功能区位于标题栏下方，包含了 8 个选项卡，分别是"文件""开始""插入""页面布局""公式""数据""审阅"和"视图"，如图 4 - 4 所示。当单击某个选项卡后，会在选项卡下方出现对应区域的按钮，如单击"插入"选项卡后，会有"图片""图表"等选项，用户可根据需要进行选择。

图 4 - 4　Excel 2010 功能区

3. 编辑栏

编辑栏的左侧是名称框，往右依次是"取消""确定插入""插入函数"和"编辑框"。名称框中主要显示当前被选中单元格的地址，编辑框中则是显示当前单元格内所编辑的内容，如图 4 - 5 所示。

图 4 - 5　Excel 2010 编辑栏

4. 编辑区

编辑区中包含行、列、单元格，用户可在此区域对任意单元格进行操作。

5. 工作表标签

默认情况下，一个工作簿中包含 3 张工作表，名称分别为"Sheet1""Sheet2"和"Sheet3"。在"Sheet3"工作表后面的是插入工作表按钮，可以插入新的工作表，然后是水平滚动条，表格右侧是垂直滚动条，如图 4 - 6 所示。

图 4 - 6　Excel 2010 工作表标签

6. 状态栏

用于显示当前的文件信息，如图 4 - 7 所示。

图4-7　Excel 2010状态栏

4.2　管理工作簿与工作表

　　工作表由多个单元格构成，而这样的多个工作表构成了一个工作簿。在利用Excel进行数据处理的过程中，经常需要对工作簿和工作表进行适当的处理，例如插入和删除工作表等。下面将对管理工作簿和工作表的方法进行介绍。

4.2.1　创建工作簿

　　启动Excel 2010后，会默认新建一个名为"工作簿1"的空白文件，文件扩展名为".xlsx"。

　　单击"文件"菜单，选择"新建"命令，在"可用模板"中选择"空白工作簿"，然后单击"创建"按钮也可以新建空白工作簿，如图4-8所示。

图4-8　Excel 2010创建工作簿

知识链接

　　在建立新工作簿时，也可以在已经打开的Excel窗口中通过Ctrl + N组合键创建。

4.2.2　插入工作表

　　在创建一个新的工作簿时，默认情况下，该工作簿包含3个默认的工作表，但在实际工作中可能需要向工作簿中添加一个或多个工作表。

单击"插入工作表"按钮或者通过 Shift + F11 组合键即可添加一个新的工作表，如图 4 - 9所示。

图 4 - 9　Excel 2010 插入工作表

4.2.3　删除工作表

要删除一个工作表，首先单击工作表标签选中工作表，然后在"开始"选项卡的"单元格"组中找到"删除"命令，单击"删除"按钮上的倒三角按钮，在弹出的快捷菜单中选择"删除工作表"命令，即可删除该工作表，如图 4 - 10 所示。也可直接在工作表的名称上单击鼠标右键，找到"删除"选项。

图 4 - 10　Excel 2010 删除工作表

4.2.4　重命名工作表

Excel 2010 在创建一个新的工作表时，它的名称是以 Sheet1、Sheet2 等来命名的，但这在实际生活工作中不方便进行记忆和管理。这时用户可以通过改变这些工作表的名称来进行更为有效的管理操作。想要改变工作表的名称，只需要双击选中工作表的标签，在其中输入新的名称后按下 Enter 键即可。

4.2.5　移动或复制工作表

在同一工作簿内移动或者复制工作表的操作方法非常简单，只需要选择要移动的工作表，然后沿工作表标签行拖动选定的工作表即可；如果要在当前工作簿中复制工作表，需要在按住 Ctrl 键的同时拖动工作表，并在目的地释放鼠标，然后松开 Ctrl 键即可。

4.2.6　保存工作簿

方法 1：

创建完想保存的工作簿后，在菜单栏中选择"文件"→"另存为"，弹出一个窗口。在新窗口的文件名处可更改文件名，选择文件保存的位置，设置完成后单击"保存"按钮即可。

方法 2：

按快捷键 F12 会出现保存文件的窗口。更改文件名，选择保存位置，设置完成后单击"确定"按钮即可。

知识链接

　　在第一次保存文件时，会弹出"另存为"对话框，在该对话框中的"保存类型"下拉列表中可设置 Excel 文件的保存类型。通常默认的文件保存格式为"Excel 工作簿"，其扩展名为".xlsx"，也可使用其他类型进行保存。例如，要使保存的文件能够被旧版本的 Excel 软件打开，则可以使用"Excel 97 – 2003 工作簿"格式保存。当文档保存之后再使用"保存"命令时，则保存的内容将直接替换先前保存的文件中的内容。若要将工作簿保存为一个新文件，则可以使用"文件"选项卡中的"另存为"命令。保存文件的快捷键为 Ctrl + S，在编辑 Excel 文件的过程中，要快速保存文件，可直接按快捷键 Ctrl + S。

4.3　数据录入与编辑

Excel 2010 用于对数据进行处理，在处理数据前必须进行数据的录入，以下将介绍数据的录入与编辑方法。

4.3.1　在单元格中输入数据

1. 输入文本内容

首先用鼠标单击选中该单元格，比如选中 A1 单元格，然后在单元格中直接输入文本内容，所输入的内容会同时出现在单元格和编辑栏中。如图 4 – 11 所示。

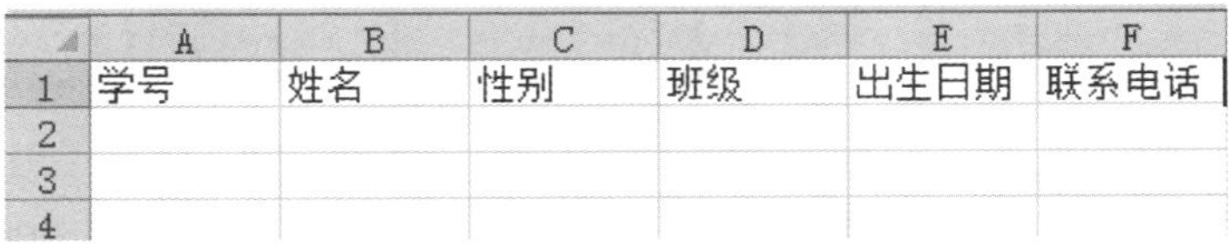

	A	B	C	D	E	F
1	学号	姓名	性别	班级	出生日期	联系电话
2						
3						
4						

图 4 – 11　输入文本内容

输入完第一个单元格的内容之后，按下 Tab 键可以选择右侧单元格继续进行文本输入。

按 Enter 键（回车键）则选中下侧单元格。

2. 输入日期和时间

在输入日期时，Excel 中有相应的日期格式，通常按照"年/月/日"或者"年－月－日"的格式进行输入。

在输入时间时，如果输入的是 12 小时制的，需要在时间数字后空一格，并输入相应的字母 a（上午）或者 p（下午），例如 9:00 p；否则 Excel 会按照上午处理。

	A	B
1	2019-5-1	17:38

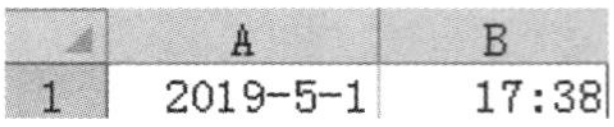

图 4 - 12　输入日期和时间

可以通过按 Ctrl +；组合键快速输入当前日期，通过按 Ctrl + Shift +；组合键快速输入当前时间。如图 4 - 12 所示。

4.3.2　自动填充

1. 自动填充序号

在表格制作过程中经常用到序号填充，比如顺序输入 1~100，可以通过 Ctrl 键配合鼠标一起进行操作。在 A 列中输入学号，则在 A2 单元格中输入"1001"，选中 A2 单元格，把鼠标移动到单元格右下角，鼠标指针变成一个实心十字，此时按住 Ctrl 键，实心十字的右上角出现一个小加号，往下拖动鼠标，填充到相应的学号即可。如图4 - 13所示。

2. 自动填充日期

除了序号之外，日期也可以进行快速填充。和序号填充不同的是，日期序列在填充的过程中有"以天数填充""以工作日填充""以月填充""以年填充"这 4 种填充选项。首先在单元格中输入日期，比如 2019 - 1 - 1，然后选中该单元格，把鼠标放到单元格右下角，直接按住鼠标往下进行拖动，如果需要改变自动填充选项，修改即可。如图 4 - 14 所示。

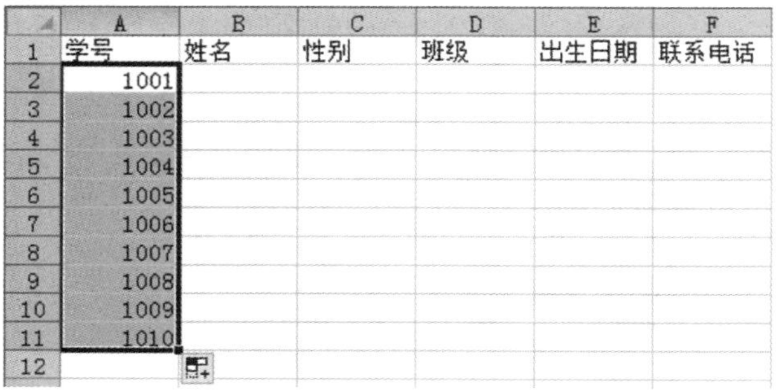

图 4 - 13　快速填充序号

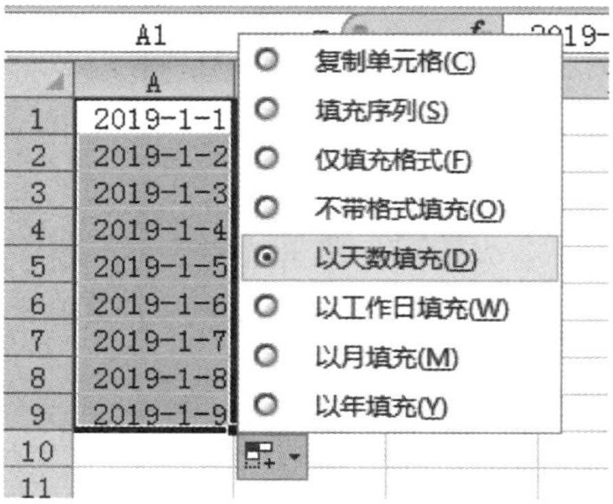

图 4 - 14　快速填充日期

3. 自动填充等差、等比数列、文字序列

（1）等差数列。数列中相邻两数字的差相等，例如 1、3、5、7、9 这样的序列。首先在单元格中输入 1，接下来在"开始"选项卡中找到"编辑"组，打开"填充"下的"序列"，选择数列产生在"行"或者"列"，数列类型是"等差数列"，设置其"步长值"，也就是等差数列中的差值，最后设置终止值，单击"确认"按钮即可。如图 4-15 所示。

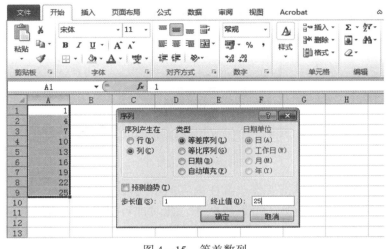

图 4-15　等差数列

（2）等比数列。数列中相邻两数字的比值相等，例如 2、4、8、16 这样的序列。操作与等差数列的设置方法相似，只需要把数列类型更改为"等比数列"即可。

（3）文字数列：自动填入数列属于不可计算的文字数据，例如一月、二月、三月、…，星期一、星期二、星期三、…。Excel 已将这种类型文字数据建成数据库，使用自动填入数列时，就像使用一般数列一样。

4. 不规则单元格快速填充

除了上述按照规则的行或列填充单元格外，还会遇到不规则的填充，这种填充就不能再用下拉的方式填充了。按住 Ctrl 键，选择需要填充的单元格，在最后一个选中的单元格中输入需要填充的数字或文字或其他任何可以填充的内容，按 Ctrl + Enter 组合键，此时所有选择的单元格都会填入刚刚输入的信息，如图 4-16 所示。

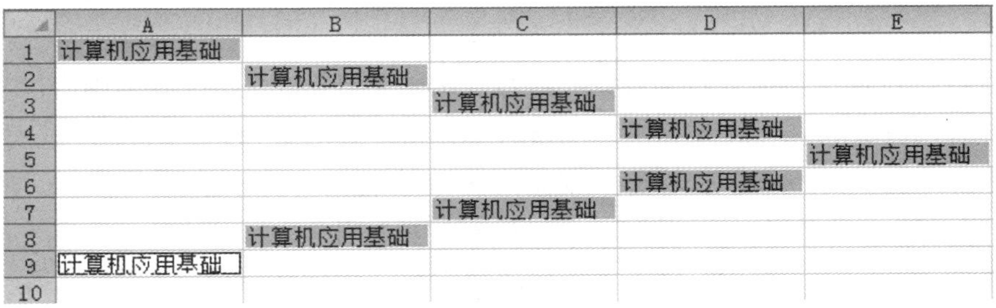

图 4-16　不规则单元格填充

4.3.3　添加批注

在编辑 Excel 文档时，有时需要对某部分内容添加批注来对它进行解释、说明，以帮助理解。

首先，单击要添加批注的单元格，然后单击"审阅"选项卡上"批注"组中的"新建批注"按钮，在显示的批注框中输入批注的内容，单击其他任意单元格，完成批注的添加。添加批注的单元格右上角出现一个小红三角，如图 4 - 17 所示。

图 4 - 17　插入批注

若要修改批注内容，可单击要修改批注内容的单元格，然后单击"批注"组中的"编辑批注"按钮，使批注文本框处于可编辑状态，此时即可对批注内容进行修改，然后单击工作表任意单元格结束编辑。

若要删除批注，可单击要删除批注的单元格，然后单击"审阅"选项卡上"批注"组中的"删除"按钮。删除批注后，单元格右上角的小红三角消失。

默认情况下，将鼠标指针指向单元格时，批注会显示出来。此外，单击"审阅"选项卡上"批注"组中的"显示所有批注"按钮，可显示工作表中的所有批注；再次单击该按钮，则隐藏所有批注。

4.3.4　查找和替换

在使用 Excel 表格时，想要找出一些相同条件下的数据会很费劲，当发现有很多数据写错时，如果一个个进行修改就更麻烦，此时可以使用 Excel 表格中的查找和替换功能。

在"开始"主菜单下找到查找与选择工具，选择"查找"菜单，也可以用快捷键 Ctrl + F 快速打开"查找"对话框。

在"查找"选项中，输入需要查找的内容，比如"计算机"，然后再单击"查找全部"按钮，这样就可以看到包含"计算机"的所有单元格，如图 4 - 18 所示。

替换操作与查找的差不多，单击"开始"主菜单的"查找和选择"命令，在弹出的菜单中选择"替换"，或者直接快捷键 Ctrl + H 进行快速打开。

在"查找内容"输入框中，输入需要修改的内容，比如"计算机"，然后在"替换为"输入框中输入修改后的内容，比如"应用基础"，再单击"全部替换"按钮，如图 4 - 19 所示。

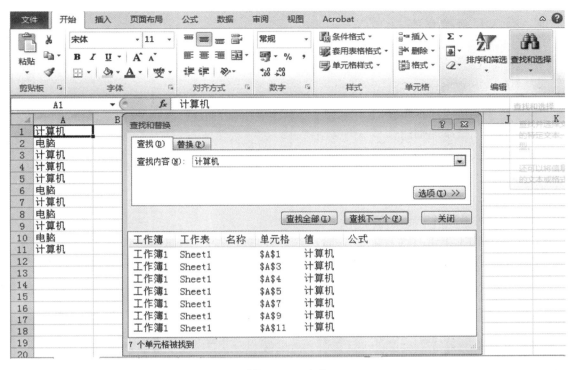

图4-18 查找

图4-19 替换

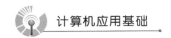

实训：录入科目信息表

⊙能在单元格内输入内容
⊙能为单元格添加批注
⊙掌握查找和替换的方法

步骤1：向单元格中录入内容。

（1）在桌面上单击右键，新建 Excel 文档，并重命名为"科目信息表"。

（2）输入科目信息表的内容，如图 4-20 所示。

	A	B	C	D	E	F
1	各年级科目信息表					
2	年级	科目				
3	2015级	语文	数学	英语	电脑	职业生涯规划
4	2016级	语文	数学	英语	电脑	公共艺术鉴赏
5	2017级	语文	数学	英语	电脑	体育
6	2018级	语文	数学	英语	电脑	体育
7						

图 4-20　科目信息表

步骤2：为指定单元格添加批注。

选中 B3 单元格，在单元格上单击鼠标右键，找到"插入批注"选项，出现文本框后，先把里面的内容清空，然后往里填入语文课的任课老师"吴老师"，如图 4-21 所示，再依次往 C3、D3 单元格中添加批注"林老师"和"赵老师"，完成输入即可。

	A	B	C	D	E	F
1	各年级科目信息表					
2	年级	科目				
3	2015级	语文	★吴老师		电脑	职业生涯规划
4	2016级	语文			电脑	公共艺术鉴赏
5	2017级	语文			电脑	体育
6	2018级	语文			电脑	体育
7						
8						

图 4-21　批注

步骤3：把表中"电脑"替换成"计算机"。

通过 Ctrl + H 组合键打开"查找和替换"对话框，在"查找内容"中输入"电脑"，在"替换为"中输入"计算机"，然后单击"全部替换"即可，如图 4-22 所示。

图 4 – 22　替换

4.4　数据管理与分析

4.4.1　条件格式

条件格式本身自带 5 种内置规则，还可以自定义规则，实现超多功能。条件格式功能可以根据用户指定的公式或者数值来确定搜索的条件，然后将格式应用到符合搜索条件的单元格中，并突出显示所要检查的数据。

单击"开始"选项卡，在下方的工具栏中找到"条件格式"并单击，弹出下拉列表，出现多个功能选项。单击"突出显示单元格规则"，可以为表格中符合条件的数字设置突出的颜色。如果要在表格中找到学生成绩大于 90 分的单元格，可以在"突出显示单元格规则"中选择"大于"。在弹出的窗口中进行数字条件的设置并选取符合条件的数字所在单元格的颜色。此时相应的单元格内容被涂色，可以看到表中大于 90 分的部分被填充了颜色。如图 4 –23 ~ 图 4 –25 所示。

4.4.2　排序

在使用表格输入数据信息的过程中，经常会对数据进行排序，特别是成绩表类型的，从高分到低分进行排序，是非常适用的功能。

1. 简单排序

简单排序是指对数据表中的单列数据按照 Excel 默认的升序或者降序的方式排列。

图 4 - 23　条件格式

图 4 - 24　条件格式单元格设置

图 4 - 25　条件格式设置结果

升序排列：

数字：按从最小的负数到最大的正数进行排序。

日期：按从最早的日期到最晚的日期进行排序。

文本：按照特殊字符、数字、小写英文字母、大写英文字母、汉字进行排序。汉字排序中要注意的是，它以拼音来排序。

空白单元格：总是放在最后。

降序排列与升序排列的顺序相反。

下面对学生成绩表中的语文成绩进行降序排列。首先选择 C 列任一单元格，如图 4 – 26 所示。

然后切换到功能区"数据"选项卡，单击"排序和筛选"组中的降序按钮，这样所有记录都按照语文成绩从高到低排序，如图 4 – 27 所示。

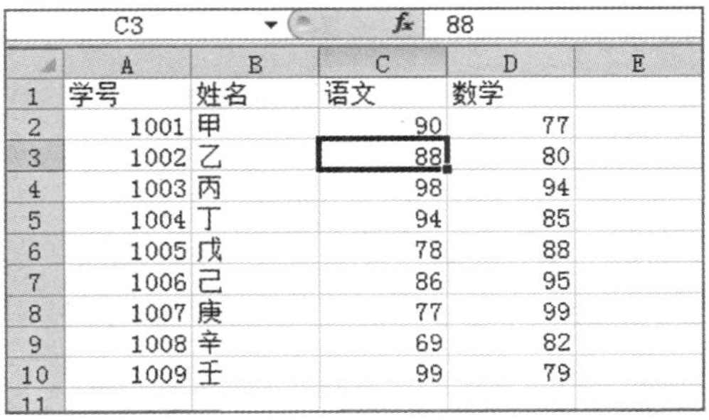

图 4 – 26　选中单元格

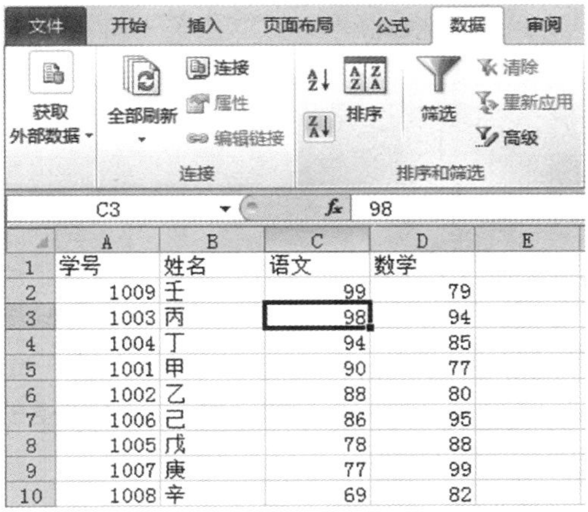

图 4 – 27　降序排列结果

2. 多关键字排序

多关键字排序，也就是对工作表中的数据按两个或两个以上的关键字进行排序，包括主要关键字、次要关键字。

设置图 4 – 28 中的学生成绩表按语文成绩降序排序，语文成绩相同时，再按数学成绩降序排序，操作如下。

（1）单击数据区域中的任意一个单元格，切换至功能区的"数据"选项卡，在"排序和筛选"组中单击"排序"按钮，如图 4 – 29 所示。

图 4 – 28　学生成绩表

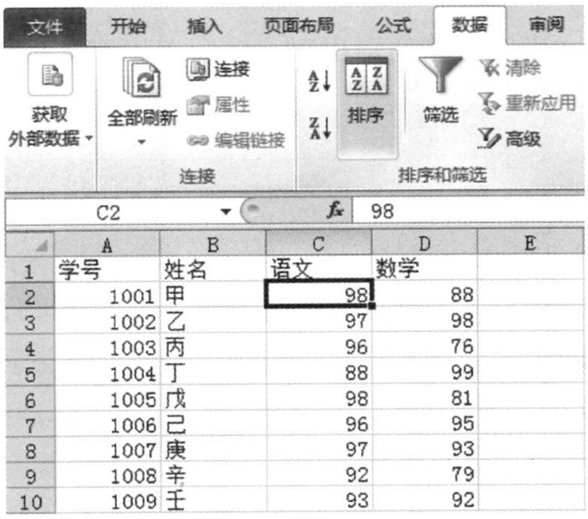

图 4 – 29　单击"排序"按钮

（2）打开对话框，在"主要关键字"下拉列表中选择排序的首要条件，如"语文"，

"排序依据"设置为"数值","次序"设置为"降序",如图 4-30 所示。

图 4-30　多关键字排序

（3）单击"添加条件"按钮，将"次要关键字"设置为"数学"，"排序依据"设置为"数值"，"次序"设置为"降序"，最后单击"确定"按钮。结果如图 4-31所示。

3. 自定义排序

某些情况下已有的排序规则不能满足用户的要求，这时可以用自定义排序来解决。

首先打开要进行处理的 Excel 工作簿，选中区域。单击"开始"选项卡，在最右侧的编辑功能区中单击"排序和筛选"，在弹出的菜单中选择"自定义排序"。弹出"排序"对话框，在最右侧次序下方的下拉框中单击，选择"自定义序列"。弹出"自定

	A	B	C	D
1	学号	姓名	语文	数学
2	1001	甲	98	88
3	1005	戊	98	81
4	1002	乙	97	98
5	1007	庚	97	93
6	1006	己	96	95
7	1003	丙	96	76
8	1009	壬	93	92
9	1008	辛	92	79
10	1004	丁	88	99

图 4-31　排序结果

义序列"设置对话框。在"输入序列"下方的文本框中按排列顺序逐个输入排序字段，输入完毕单击右侧"添加"按钮，该序列就会出现在左侧自定义序列的最底部，单击选中并单击"确定"按钮退出对话框。退出对话框后，在次序下方的排序规则里就出现了刚才定义的序列。

4.4.3　筛选

筛选只显示符合条件的数据，而将不符合条件的数据隐藏起来，且隐藏起来的数据不会被打印出来。要进行筛选操作，数据表中必须有列标签。

Excel 中有两种不同的筛选方式——自动筛选和高级筛选。自动筛选可以较轻松地显示出工作表中满足条件的记录，高级筛选则能完成比较复杂的多条件查询。

1. 自动筛选

适用于在一个字段上设置筛选条件，筛选时将不满足条件的数据暂时隐藏起来，只显示符合条件的数据。

（1）单击成绩表下面的总标题栏，单击"筛选"按钮，如图4-32所示，第一栏标题上面都出现了一个可以下拉的倒三角形符号，单击任何一个标题，都会弹出一个筛选界面，按照想筛选的信息进行筛选即可。比如在"民族"下选中"汉族"进行显示，如图4-33所示。

图4-32 "筛选"按钮

图4-33 筛选文本

（2）单击"确认"按钮完成筛选，结果如图4-34所示。

2. 高级筛选

当筛选的条件比较多时，可以利用"高级筛选"来完成操作。高级筛选需要先构建筛选区域，才能执行筛选。

（1）构建高级筛选条件。

高级筛选的区域应该至少包括两行，第一行写列标题，第二行写筛选条件，重点注意列标题一定要和数据清单中的列标题一模一样。

（2）执行高级筛选。

例如，在数据表（图4-35）中把"民族"为"蒙古族"、"工资"大于5 000的数据筛选出来，具体步骤如下。

首先设置高级筛选条件，如图4-36所示。

然后选中数据区域中的一个单元格，单击"数据"选项卡下的"排序和筛选"中的"高级"按钮，打开"高级筛选"对话框，"列表区域"会被自动选中，需要选中"条件区域"所在单元格区域，如图4-37所示。筛选结果如图4-38所示。

	A	B	C	D
1	学号	姓名	民族	工资
2	1009	壬	汉族	5000
3	1003	丙	汉族	4800
4	1004	丁	蒙古族	4500
5	1002	乙	傣族	5200
6	1001	甲	壮族	4700
7	1006	己	汉族	4500
8	1005	戊	蒙古族	6000
9	1007	庚	壮族	5500
10	1008	辛	傣族	4300

	A	B	C
1	学号 ▾	姓名 ▾	民族 ▾
2	1009	壬	汉族
3	1003	丙	汉族
7	1006	己	汉族

图 4 - 34　筛选结果　　　　　　　　图 4 - 35　数据表

民族	工资
蒙古族	>5000

图 4 - 36　设置高级筛选条件　　　　图 4 - 37　"高级筛选"对话框

	A	B	C	D
1	学号	姓名	民族	工资
8	1005	戊	蒙古族	6000
11				
12		民族	工资	
13		蒙古族	>5000	
14				

图 4 - 38　高级筛选结果

知识链接

在对表格中的数据进行筛选后，不满足条件的数据仍然存在于表格中，只是被隐藏起来了，通过清除筛选可以将被隐藏的数据全部显示出来。具体的清除筛选的方法为：单击已经设置筛选的字段旁边的下拉按钮，在快捷菜单中选择"筛选"→"从×××中清除筛选"命令即可。

4.4.4　分类汇总

Excel 2010 中需要将复杂的数据进行分类汇总，这样就更容易查看某项数据的总和。把资料进行数据化后，先按照某一标准进行分类，然后在分完类的基础上对各类别相关数据分别进行求和、求平均数、求个数、求最大值、求最小值等方法的汇总。

如图4-39所示的成绩表，要求快速计算某一个班级语、数、英各项成绩的总和，计算所有班级语、数、英成绩的总和。

	A	B	C	D	E	F	G
1	学号	班级	姓名	语文	数学	英语	总分
2	1001	一班	甲	83	93	92	268
3	1002	二班	乙	79	96	78	253
4	1003	二班	丙	74	92	93	259
5	1004	二班	丁	77	89	88	254
6	1005	一班	戊	79	97	82	258
7	1006	一班	己	77	83	75	235
8	1007	一班	庚	75	96	98	269
9	1008	二班	辛	70	96	67	233
10	1009	二班	壬	74	90	88	252
11	1010	一班	癸	77	85	84	246

图4-39 成绩表

（1）选中需要分类汇总的列：选择"数据"菜单，单击"升序"按钮，如图4-40所示。

	A	B	C	D	E	F	G
1	学号	班级	姓名	语文	数学	英语	总分
2	1002	二班	乙	79	96	78	253
3	1003	二班	丙	74	92	93	259
4	1004	二班	丁	77	89	88	254
5	1008	二班	辛	70	96	67	233
6	1009	二班	壬	74	90	88	252
7	1001	一班	甲	83	93	92	268
8	1005	一班	戊	79	97	82	258
9	1006	一班	己	77	83	75	235
10	1007	一班	庚	75	96	98	269
11	1010	一班	癸	77	85	84	246

图4-40 班级升序排列

（2）分类汇总：选择"数据"菜单，单击"分类汇总"按钮，如图4-41所示。

图4-41 "分类汇总"按钮

（3）在"分类汇总"对话框中选择相应的项："分类字段"选择"班级"，"汇总方式"选择"求和"，"选定汇总项"勾选"语文""数学""英语"三列，如图4-42所示。

（4）分类汇总图总览：按照如上步骤得出分类汇总后的界面图，如图4-43所示。单击左侧的1、2、3，可分别显示汇总的项目。

计算机应用基础

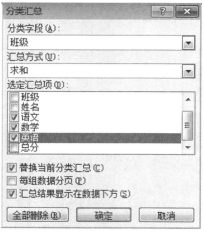

图 4 - 42 "分类汇总"条件设置

1 2 3		A	B	C	D	E	F	G
	1	学号	班级	姓名	语文	数学	英语	总分
	2	1002	二班	乙	79	96	78	253
	3	1003	二班	丙	74	92	93	259
	4	1004	二班	丁	77	89	88	254
	5	1008	二班	辛	70	96	67	233
	6	1009	二班	壬	74	90	88	252
	7		二班 汇总		374	463	414	
	8	1001	一班	甲	83	93	92	268
	9	1005	一班	戊	79	97	82	258
	10	1006	一班	己	77	83	75	235
	11	1007	一班	庚	75	98	98	269
	12	1010	一班	癸	77	85	84	246
	13		一班 汇总		391	454	431	
	14		总计		765	917	845	

图 4 - 43 分类汇总结果

知识链接

在使用分类汇总后，用户往往希望将汇总结果复制到一个新的数据表中。但如果直接进行复制，则发现无法只复制汇总结果，而是复制所有数据，此时就需要使用 Alt + ；组合键选取当前屏幕中显示的内容，然后进行复制粘贴即可。

在对表格中的数据进行分类汇总后，如果需要删除分类汇总的结果，可以再次选择"分类汇总"命令，然后在"分类汇总"对话框中单击"全部删除"按钮即可；如果要修改分类汇总，则设置好新的分类汇总选项后选择"替换当前分类汇总"选项，单击"确定"按钮即可用新的分类汇总将原有的分类汇总替换掉。

4.4.5 图表的应用

Excel 可以根据表格中的数据生成各种形式的图表，从而直观、形象地表示和反映数据的意义和变化，使数据易于阅读、评价、比较和分析。

1. 认识图表

Excel 2010 提供了 11 种图表类型，每一种图表类型又分为几个子图表类型，其中常见的图表类型有柱形图、折线图、饼图、条形图、面积图和股价图等。

在创建图表前，先来了解一下图表的组成元素。图表由许多部分组成，每一部分就是一个图表项，如图表区、绘图区、标题、坐标轴、数据系列等。

知识链接|

在 Excel 中提供了多种类型的图表供用户选择，不同的图表类型有着不同的数据展示方式，从而有着不同的作用。例如，"柱形图"主要用于显示一段时间内数据的变化情况或数据之间的比较情况，其中，"簇状柱形图"和"三维簇状柱形图"用于比较多个类别的值；"堆积柱形图"和"三维堆积柱形图"用于显示单个项目与总体的关系，并跨类别比较每个值占总体的百分比。此外，"折线图"用于显示随时间变化的连续数据的关系；如果要显示不同类别的数据在总数据中所占的百分比，则可以使用"饼图"；如果要显示各项数据的比较情况，也可以使用"条形图"；如果要体现数据随时间变化的程度，同时要强调数据总值情况，则可以使用"面积图"。

2. 创建图表

首先，选择数据区域 A1:E6，如图 4-44 所示；在"插入"选项卡中选择图表的类型"二维柱形图"，单击"确定"按钮后即可插入相应的图表，如图 4-45 所示。

	A	B	C	D	E	F
1	学号	姓名	语文	数学	英语	总分
2	1002	乙	79	96	78	253
3	1003	丙	74	92	93	259
4	1004	丁	77	89	88	254
5	1008	辛	70	96	67	233
6	1009	壬	74	90	88	252

图 4-44　选择数据区域

知识链接|

若要表示单元格区域，一般使用单元格区域对角上的单元格地址，中间用"："进行连接，如"A1：E6"表示由 A1 单元格到 E6 单元格构成的矩形单元格区域。

3. 图表的修改

（1）单击"更改图标类型"选项卡，选中新类型即可更改图表类型，如图 4-46 所示。

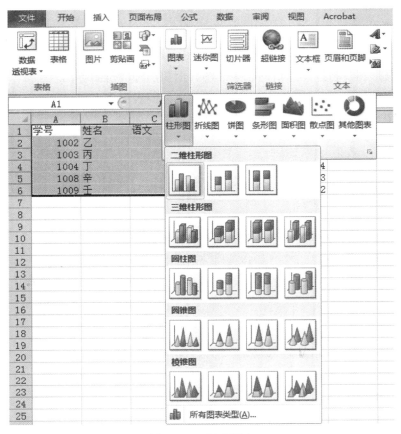

图 4 – 45　插入图表

图 4 – 46　更改图表类型

（2）选择创建的图表后，拖动图表可以调整图表的位置；通过拖动图表四条边的中点或者四个角可以调整图表的大小，如图 4 – 47 所示。

4. 图表布局设置

可以设置图表标题、坐标轴标题、图例等，如图 4 – 48 所示。

设置坐标轴标题为"无"，如图 4 – 49 所示。

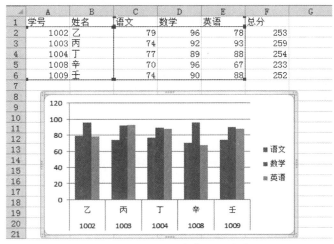

图 4 – 47 调整图表位置和大小

图 4 – 48 图表标签

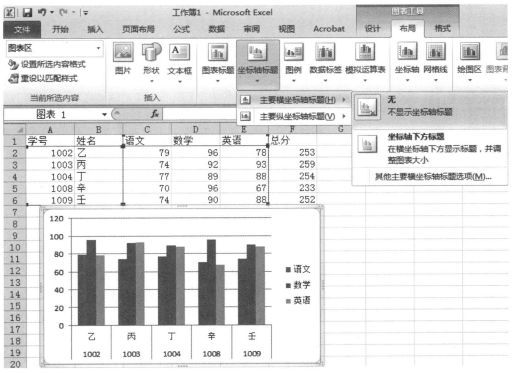

图 4 – 49 设置坐标轴标题

对于图表的布局操作，还包括更改图例位置、显示数据标签、设置坐标轴刻度、添加网格线等，这些操作都是在选定图表后，通过单击"图表工具"→"布局"选项卡下的各按钮并选择相应的选项来进行的。

5. 图表样式设置

在"图表工具"选项卡中单击"设计"→"图表样式"→"其他"按钮，打开样式进行选择，如图 4-50 所示。

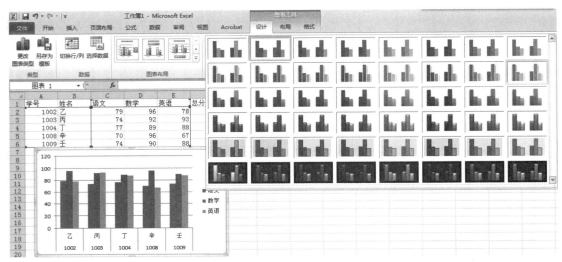

图 4-50　快速应用样式

在"图表工具"→"格式"选项卡中可以设置图表区的背景颜色或背景图片，也可以更改各个系列的颜色、设置绘图区域的填充颜色等。

4.4.6　数据透视表

数据透视表是交互式报表，可以快速合并和比较大量数据，可以旋转其行和列以查看源数据的不同汇总，还可以显示感兴趣区域的明细数据。如果要分析相关的汇总值，尤其是在要合计较大的列表并对每个数字进行多种比较时，可以使用数据透视表。由于数据透视表是交互式的，因此可以随意使用数据的布局进行实验，以便查看更多明细数据或计算不同的汇总额，如计数或平均值。

利用数据透视表求图 4-51 所示区域中所有学生的语文、数学、英语三门科目的最高成绩。

	A	B	C	D	E	F
1	学号	姓名	性别	语文	数学	英语
2	1001	甲	男	75	90	90
3	1002	乙	男	83	86	98
4	1003	丙	女	65	78	96
5	1004	丁	女	79	95	86
6	1005	戊	女	88	86	75
7	1006	己	男	80	74	95
8						

图4-51　数据表

（1）选择数据区域，单击菜单中的"插入"选项卡里的"数据透视表"，如图4-52所示。

图4-52　插入数据透视表

（2）弹出"创建数据透视表"对话框，由于提前选择了数据区域，故"表/区域"中无须再做选择，单击"确定"按钮，如图4-53所示。

图4-53　创建数据透视表

（3）此时即新建了一个存放数据透视表的工作表，如图4-54所示。

（4）选择数据透视表区域，将右侧的"数据透视表字段列表"中的"语文""数学""英语"拖到"数值"框中，如图4-55所示。

（5）选中"数值"框中的"语文"，单击右边小三角，选择"值字段设置"，如图4-56所示。

图 4 - 54　数据透视表创建界面

图 4 - 55　选择字段

图 4 - 56　值字段设置

（6）在弹出的"值字段设置"选项卡里将"计算类型"设置为"最大值"，如图 4 - 57 所示。

（7）单击"确定"按钮，结果如图4-58所示。

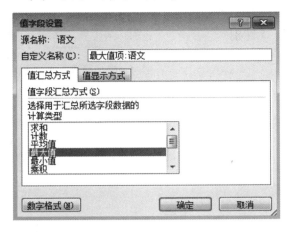

图4-57 设置计算类型

	A	B	C
1			
2			
3	最大值项:语文	求和项:数学	求和项:英语
4	88	509	540
5			

图4-58 数据透视表结果

实训：员工信息表

实训目标

◉能够对数据进行排序

◉可以进行数据筛选

◉掌握由数据创建图表的方法

实施步骤

步骤1：在单元格中输入内容。

（1）在桌面上单击右键，新建一个Excel文档，并重命名为"员工信息表"。

（2）输入如图4-59所示的信息内容。

步骤2：设置按年龄进行降序排序。

鼠标选中年龄所在列任意一个单元格，切换到"数据"选项卡，在"排序和筛选"组中找到"降序"图标并单击，即可对年龄进行降序排列，如图4-60所示。

	A	B	C	D
1	工号	姓名	性别	年龄
2	100001	王春兰	女	48
3	100002	李萍	女	50
4	100003	李刚强	男	36
5	100004	陈国宝	男	39
6	100005	黄河	男	45
7	100006	黄大力	男	55
8	100007	陈桂芬	女	40
9	100008	王小兰	女	29
10	100009	李国立	男	27
11	100010	李华	女	30

图4-59 员工信息表

	A	B	C	D
1	工号	姓名	性别	年龄
2	100006	黄大力	男	55
3	100002	李萍	女	50
4	100001	王春兰	女	48
5	100005	黄河	男	45
6	100007	陈桂芬	女	40
7	100004	陈国宝	男	39
8	100003	李刚强	男	36
9	100010	李华	女	30
10	100008	王小兰	女	29
11	100009	李国立	男	27

图4-60 降序排列

计算机应用基础

步骤3：筛选出年龄为50岁的女员工。

选中表内任意一个单元格，在"开始"选项卡中找到"排序和筛选"中的"筛选"按钮，单击"性别"和"年龄"旁边的倒三角按钮，分别选中"女"和"50"即可完成筛选，如图4-61所示。

图4-61　筛选

步骤4：创建簇状柱形图

单击"筛选"按钮清除筛选，然后选中姓名区域B2:B11和年龄区域D2:D11，插入一个簇状柱形图，如图4-62所示。

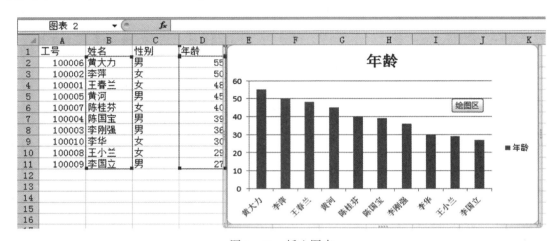

图4-62　插入图表

4.5　公式与函数

Excel强大的计算功能主要依赖于公式和函数，利用公式和函数可以对表格中的数据进行各种计算和处理操作，从而提高工作效率及计算准确率。

4.5.1　公式

Excel 2010中可以运用公式来对数据进行计算。

1. 四种运算符

（1）算术运算符：用来进行数据之间最基础的计算，涉及的符号有加号（＋）、减号（－）、乘号（＊）、除号（／）、百分比（％）、乘幂（＾），如图4-63所示。

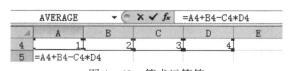

图4-63　算术运算符

（2）比较运算符：等于（＝）、大于（＞）、小于（＜）、大于等于（＞＝）、小于等于（＜＝）、不等于（＜＞），比较后会返回值 TRUE 或者 FALSE，即为真或者为假，如图 4 - 64 所示。

（3）文本运算符：文本连接（&），比如将两列数据合并为一列，如图 4 - 65 所示。

AVERAGE	▼ ⊙ ✕ ✓ ƒx	=A4<B4
	A	B	C	D
4	23	50		
5	=A4<B4			

图 4 - 64　比较运算符

AVERAGE	▼ ⊙ ✕ ✓ ƒx	=A1&B1
	A	B	C	D
1	1	2		
2	=A1&B1			

图 4 - 65　文本运算符

（4）引用运算符：包含 3 种运算符。

①区域运算符（:），对左右两个引用之间，包括两个引用在内的矩形区域内所有单元格进行引用。比如 = SUM(B4:C5)，如图 4 - 66 所示。

②联合运算符（,），联合操作符将多个引用合并为一个引用。比如 = SUM(B4:C5,D5:E6)，如图 4 - 67 所示。

	A	B	C	D
1	1	1	1	
2	2	2	2	
3	4	4	4	
4	6	6	6	
5	7	7	7	
6	8	8	8	
7				
8	=SUM(B4:C5)			
9				

图 4 - 66　区域运算符

	A	B	C	D	E
1	1	1	1		
2	2	2	2		
3	4	4	4		
4	6	6	6		
5	7	7	7	7	7
6	8	8	8	8	8
7					
8	=SUM(B4:C5,D5:E6)				

图 4 - 67　联合运算符

③交叉运算符（空格），交叉运算符对几个单元格区域共有的那些单元格引用。比如 = SUM(B4:C5 C4:D6)，如图 4 - 68 所示。

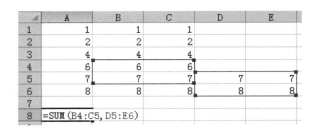

	A	B	C	D	E
1	1	1	1		
2	2	2	2		
3	4	4	4		
4	6	6	6		
5	7	7	7	7	7
6	8	8	8	8	
7					
8	=SUM(B4:C5 C4:D6)				

图 4 - 68　交叉运算符

2. 单元格引用的类型

（1）相对引用。

当把一个含有单元格地址的公式复制到一个新的单元格或者用一个公式填入一个区域时，公式中引用的单元格地址会随之改变，如图 4 - 69 所示。

	A	B	C
1	10	10	=A1+B1
2	20	20	=A2+B2

图 4 – 69　相对引用

知识链接

　　在 Excel 单元格公式中，可应用具体的数据作为公式计算的内容，也可以引用单元格中的数据。若要直接使用数值进行计算，则在公式中输入具体的数值；若要使用一个字符串进行计算，则字符串需要加上引号；若要引用单元格中的数据，则可输入单元格的地址或在输入公式时直接单击单元格，如果后面输入的计算公式相同，则拖动填充柄实现公式的复制，随着位置的变化，公式所引用的单元格地址也发生相应变化，称为单元格地址相对引用。

　　（2）绝对引用。

　　把公式复制到一个新的位置或者用一个公式填入一个区域时，公式中的单元格地址保持不变，如图 4 – 70 所示。

	A	B	C
1	10	10	=$A$1+B$1
2	20	20	=$A$1+B$1

图 4 – 70　绝对引用

　　绝对引用的表示形式是：单元格地址列标和行号前都带有 "$" 符号，如 $C$1 是 C1 单元格的绝对引用。

　　（3）混合引用。

　　在一个单元格地址中，既有绝对地址引用，又有相对地址引用。

　　表现形式为列标或行号中，有一个带 "$"，如 C$1:C$4。

　　需要注意的是，相对引用、绝对引用和混合引用可以使用 F4 键进行切换。

　　接下来进行求和公式练习。打开 Excel 表格，选中一个单元格，在选中的单元格中输入 "="，然后选择要进行加法运算的单元格，接着添加 "+"，再单击加法的后面的单元格，按 Enter 键就可以进行计算了，如图 4 – 71 所示。

　　如果不止一个学生的成绩，可以通过复制公式来快速得到所有学生的总成绩。算出第一个结果之后，把鼠标放在 E2 单元格右下角，出现实心十字后，按住鼠标往下进行拖动即可，如图 4 – 72 所示。

	A	B	C	D	E
1	姓名	语文	数学	英语	总成绩
2	甲	75	90	90	=B2+C2+D2

图 4 – 71　求和公式

	A	B	C	D	E
1	姓名	语文	数学	英语	总成绩
2	甲	75	90	90	255
3	乙	83	86	98	267
4	丙	65	78	96	239
5	丁	79	95	86	260
6	戊	88	86	75	249
7	己	80	74	95	249

图 4 – 72　公式的复制

4.5.2 函数

函数是预先定义好的内置公式。函数处理数据的方式和直接运用公式处理数据的方式是相同的。比如，公式"=A1 + A2"和函数"=SUM(A1:A2)"计算的结果是相同的。使用函数可以减少输入数据的工作量，提高准确率。

函数的组成格式是：函数名(参数1,参数2,…)，有些特殊的函数没有参数，但一定包含函数名和一对小括号。

1. 函数的分类

Excel 函数共有11类，分别是数据库函数、日期与时间函数、工程函数、财务函数、信息函数、逻辑函数、查询和引用函数、数学和三角函数、统计函数、文本函数及用户自定义函数。

2. 输入函数的方法

（1）在单元格中直接输入。选中 A4 单元格，在其中输入"=SUM(A1:A3)"，其中"A1:A3"也可通过鼠标拖动进行选择，如图 4 - 73 所示，最后按 Enter 键即可得到结果。

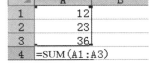

图 4 - 73 直接输入

（2）单击 fx 插入函数。切换到"公式"选项卡，单击"fx 插入函数"按钮，如图 4 - 74 所示。

图 4 - 74 "fx 插入函数"按钮

弹出"插入函数"对话框，选中 SUM 函数，如图 4 - 75 所示，单击"确定"按钮。

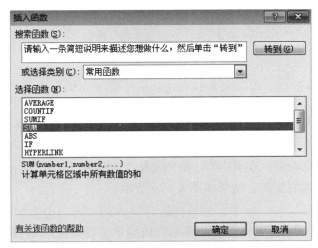

图 4 - 75 "插入函数"对话框

在弹出的"函数参数"对话框中输入要进行计算的区域，单击"确认"按钮即可，如图 4 – 76 所示。

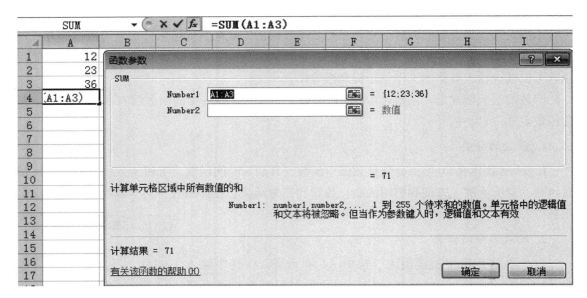

图 4 – 76　选定函数参数

（3）单击"开始"选项卡中的"编辑"组里的"自动求和"下拉箭头，选择"其他函数"，如图 4 – 77 所示。

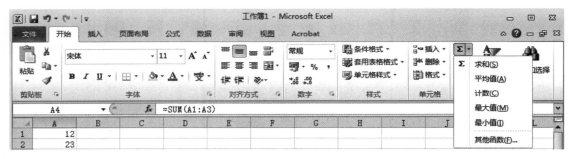

图 4 – 77　"自动求和"按钮

3. 常用函数

（1）SUM。

SUM 函数指的是返回某一单元格区域中数字、逻辑值及数字的文本表达式之和。如果参数中有错误值或为不能转换成数字的文本，将会导致错误。例如，在图 4 – 78 所示表中计算出所有同学的期末总成绩。在 F3 单元格中输入" = SUM（C3:E3）"，然后按 Enter 键得到总成绩，最后进行公式的复制，结果如图 4 – 79 所示。

（2）AVERAGE。

AVERAGE 函数是 Excel 表格中的计算平均值函数，参数可以是数字或者是涉及数字的名称、数组或引用，如果数组或单元格引用参数中有文字、逻辑值或空单元格，则忽略其值。但是，如果单元格包含零值，则计算在内。例如，要算出图4-78所示表格中每个同学的平均分，则输入图4-80所示公式之后得出计算结果，再复制公式。

	A	B	C	D	E	F	G
1	期末成绩表						
2	学号	姓名	语文	计算机	英语	总成绩	
3	10001	甲	98	99	78	=SUM(C3:E3)	
4	10002	乙	89	98	96		
5	10003	丙	87	96	90		
6	10004	丁	69	84	89		
7	10005	戊	89	93	86		
8	10006	己	99	90	81		

图4-78　利用SUM求和

	A	B	C	D	E	F
1	期末成绩表					
2	学号	姓名	语文	计算机	英语	总成绩
3	10001	甲	98	99	78	275
4	10002	乙	89	98	96	283
5	10003	丙	87	96	90	273
6	10004	丁	69	84	89	242
7	10005	戊	89	93	86	268
8	10006	己	99	90	81	270

图4-79　计算结果

	A	B	C	D	E	F	G	H	I
1	期末成绩表								
2	学号	姓名	语文	计算机	英语	总成绩	平均分		
3	10001	甲	98	99	78	275	=AVERAGE(C3:E3)		
4	10002	乙	89	98	96	283	AVERAGE(**number1**, [number2], ...)		
5	10003	丙	87	96	90	273			
6	10004	丁	69	84	89	242			
7	10005	戊	89	93	86	268			
8	10006	己	99	90	81	270			

图4-80　平均数函数的使用

（3）最大值、最小值。

MAX()函数返回一个最大数值；MIN()函数则是返回一个最小数值。

继续利用图4-78所示表格计算出"语文""数学""英语"三门成绩中的最高分和最低分。以"语文"最高分为例，在B9单元格中输入"最高分"，在C9单元格中输入公式"=MAX(C3:C8)"即可，如图4-81所示。最小值的计算方法相同。

	A	B	C	D	E	F	G
1	期末成绩表						
2	学号	姓名	语文	计算机	英语	总成绩	平均分
3	10001	甲	98	99	78	275	91.66667
4	10002	乙	89	98	96	283	94.33333
5	10003	丙	87	96	90	273	91
6	10004	丁	69	84	89	242	80.66667
7	10005	戊	89	93	86	268	89.33333
8	10006	己	99	90	81	270	90
9		最高分	=MAX(C3:C8)				
10		最低分					

图4-81　计算最大值

（4）COUNT。

COUNT函数在Excel中用来计算参数列表中的数字项的个数。

例如算出图4－78所示表中一共有几条成绩数据。在B11和C11两个单元格中分别输入"计数"和"＝COUNT(A3:A8)"，如图4－82所示，最终得出一共6条数据。

图4－82　计数函数

（5）INT。

INT函数计算的是把数值向下四舍五入到最接近的整数。数值为正数，去掉小数后直接取整；如果数值为负数，去掉小数后需要再－1取整。

图4－82所示表中平均分中有4个带有小数，可以利用INT函数来对其进行四舍五入，如图4－83所示。得到的结果如图4－84所示。

图4－83　INT函数公式

图4－84　结果

（6）IF。

IF函数根据指定的条件来判断其为"真"(TRUE)或"假"(FALSE)，根据逻辑计算的真假值，从而返回相应的内容。可以使用IF函数对数值和公式进行条件检测。

比如要对学生成绩表进行等级划分，分成"优秀""良好""及格"和"不及格"，其操作步骤如下。

首先准备一张完整的数据工作表，如图4－85所示。

	A	B	C	D	E	F	G
1	学号	姓名	语文	数学	英语	平均分	等级
2	1001	甲	75	67	88	76.67	
3	1002	乙	83	88	76	82.33	
4	1003	丙	65	65	85	71.67	
5	1004	丁	79	63	75	72.33	
6	1005	戊	90	81	93	88.00	
7	1006	己	77	95	82	84.67	
8	1007	庚	89	88	77	84.67	
9	1008	辛	72	79	62	71.00	
10	1009	壬	85	75	67	75.67	
11	1010	癸	66	69	75	70.00	

图 4 – 85　表格数据

单击"等级"下的第一个单元格，如图 4 – 86 所示。

	A	B	C	D	E	F	G
1	学号	姓名	语文	数学	英语	平均分	等级
2	1001	甲	75	67	88	76.67	
3	1002	乙	83	88	76	82.33	
4	1003	丙	65	65	85	71.67	
5	1004	丁	79	63	75	72.33	
6	1005	戊	90	81	93	88.00	
7	1006	己	77	95	82	84.67	
8	1007	庚	89	88	77	84.67	
9	1008	辛	72	79	62	71.00	
10	1009	壬	85	75	67	75.67	
11	1010	癸	66	69	75	70.00	

图 4 – 86　选中 G2 单元格

单击插入"插入函数"按钮，如图 4 – 87 所示。

G2		✗ ✓ fx					
	A	B	C	D	E	F	G
1	学号	姓名	语文	插入函数	英语	平均分	等级
2	1001	甲	75	67	88	76.67	
3	1002	乙	83	88	76	82.33	
4	1003	丙	65	65	85	71.67	
5	1004	丁	79	63	75	72.33	
6	1005	戊	90	81	93	88.00	
7	1006	己	77	95	82	84.67	
8	1007	庚	89	88	77	84.67	
9	1008	辛	72	79	62	71.00	
10	1009	壬	85	75	67	75.67	
11	1010	癸	66	69	75	70.00	

图 4 – 87　"插入函数"按钮

在弹出的"插入函数"对话框里选择"IF"函数，如图 4 – 88 所示。

单击"确定"按钮，在"函数参数"对话框里输入等级分类规则，如图 4 – 89 所示。

这里将平均分小于 60 的等级设置为不及格，将平均分大于等于 60 且小于等于 75 的等级设置为及格，将平均分大于等于 76 且小于等于 85 的等级设置为良好，将平均分大于等于 86 且小于等于 100 的等级设置为优秀。所以，在这三个框中分别输入"F2 < 60""不及格""if(F2 < 76,"及格",if(F2 < 86,"良好","优秀"))"。所有符号均在英文状态下输入，如图 4 – 90 所示。

单击"确定"按钮，并按住填充柄，填充余下单元格即可，如图 4 – 91 所示。

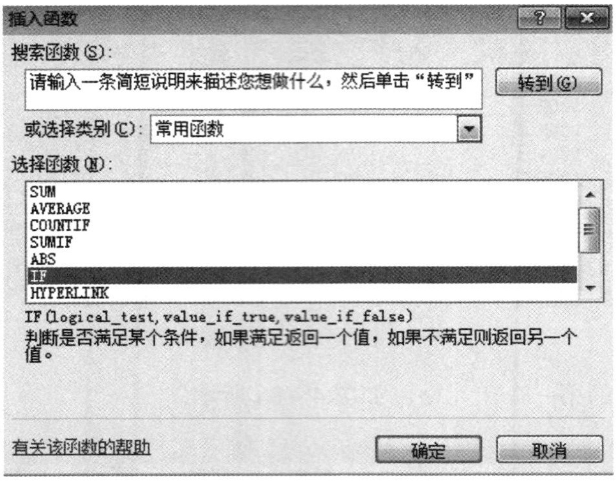

图 4 – 88　插入 IF 函数

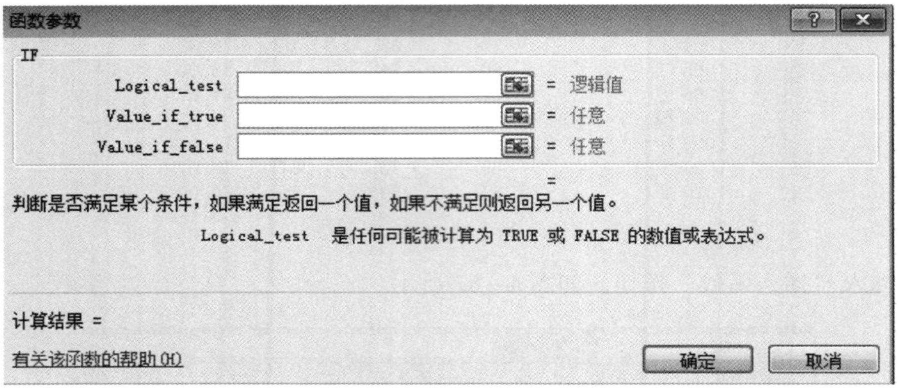

图 4 – 89　"函数参数" 对话框

	A	B	C	D	E	F	G	H	I	J	K	L	M
	IF	▼	⬤ ✕ ✓ fx	=IF(F2<60,"不及格",IF(F2<76,"及格",IF(F2<86,"良好","优秀")))									
1	学号	姓名	语文	数学	英语	平均分	等级						
2	1001	甲	75	67	88	76.67	=IF(F2<60,"不及格",IF(F2<76,"及格",IF(F2<86,"良好","优秀")))					
3	1002	乙	83	88	76	82.33							
4	1003	丙	65	65	85	71.67	IF(**logical_test**, [value_if_true], [value_if_false])					
5	1004	丁	79	63	75	72.33							
6	1005	戊	90	81	93	88.00							
7	1006	己	77	95	82	84.67							
8	1007	庚	89	88	77	84.67							
9	1008	辛	72	79	62	71.00							
10	1009	壬	85	75	67	75.67							
11	1010	癸	66	69	75	70.00							

图 4 – 90　输入公式

	A	B	C	D	E	F	G
1	学号	姓名	语文	数学	英语	平均分	等级
2	1001	甲	75	67	88	76.67	良好
3	1002	乙	83	88	76	82.33	良好
4	1003	丙	65	65	85	71.67	及格
5	1004	丁	79	63	75	72.33	及格
6	1005	戊	90	81	93	88.00	优秀
7	1006	己	77	95	82	84.67	良好
8	1007	庚	89	88	77	84.67	良好
9	1008	辛	72	79	62	71.00	及格
10	1009	壬	85	75	67	75.67	及格
11	1010	癸	66	69	75	70.00	及格

图 4 – 91　得到结果

（7）VLOOKUP。

VLOOKUP 函数是 Excel 中的一个纵向查找函数，可以用来核对数据。其功能是按列查找，最终返回该列所需查询列序所对应的值。

该函数的语法规则如下：VLOOKUP（查找值，查找区域，返回查找区域第 N 列，查找模式），参数值具体说明如图 4 - 92 所示。

通过一个实例来体会该函数的使用。根据图 4 - 93 所示表中的学号找到对应同学的姓名，步骤如下。

参数	简单说明	输入数据类型
lookup_value	要查找的值	数值、引用或文本字符串
table_array	要查找的区域	数据表区域
col_index_num	返回数据在查找区域的第几列数	正整数
range_lookup	模糊匹配/精确匹配	TRUE/FALSE（或不填）

图 4 - 92　具体参数

	A	B	C	D
1	学号	姓名	学号	姓名
2	1001	王晶	1003	
3	1002	熊文	1006	
4	1003	李依依		
5	1004	杨思		
6	1005	梁明		
7	1006	张朔		

图 4 - 93　建立表格

选中 D2 单元格，在其中输入公式"= VLOOKUP（C2，A：B，2，0）"，如图 4 - 94 所示。

按 Enter 键，得到查找的结果，并进行公式的复制，如图 4 - 95 所示。

	A	B	C	D	E	F
1	学号	姓名	学号	姓名		
2	1001	王晶	1003	=VLOOKUP(C2,A:B,2,0)		
3	1002	熊文	1006			
4	1003	李依依				
5	1004	杨思				
6	1005	梁明				
7	1006	张朔				

图 4 - 94　输入公式

	A	B	C	D
1	学号	姓名	学号	姓名
2	1001	王晶	1003	李依依
3	1002	熊文	1006	张朔
4	1003	李依依		
5	1004	杨思		
6	1005	梁明		
7	1006	张朔		

图 4 - 95　查找结果

实训：期末成绩统计表

实训目标

◉掌握求和函数、平均数函数的使用方法

◉熟练使用最大值、最小值函数

◉能够使用 VLOOKUP 函数查找出对应内容

实施步骤

步骤 1：建立一个 Excel 电子表格并往里输入内容。

（1）在桌面上右击，新建 Excel 文档，并重命名为"期末成绩统计表"。

（2）输入成绩内容，如图 4 - 96 所示。

	A	B	C	D	E	F	G	H
1	学号	姓名	语文	数学	英语	计算机	总成绩	平均分
2	10101	王丹	98	88	99	90		
3	10102	万茜	78	96	89	93		
4	10103	李仙	90	76	69	90		
5	10104	张玲	88	89	87	96		
6	10105	李晓	96	94	88	92		
7	10106	雷俊	84	83	69	97		
8	10107	张亮	76	75	86	94		
9	10108	钱多多	89	95	84	91		
10	10109	李军	82	76	86	96		
11	10110	吴纯	76	89	85	80		

图 4-96 期末成绩统计表

步骤 2：利用函数算出总成绩和平均分。

选中 G2 单元格，在单元格中输入函数"=SUM(C2:F2)"算出总成绩并复制公式，然后在 H2 单元格中通过函数"=AVERAGE(C2:F2)"算出平均分并复制公式，如图 4-97 所示。

	A	B	C	D	E	F	G	H
1	学号	姓名	语文	数学	英语	计算机	总成绩	平均分
2	10101	王丹	98	88	99	90	375	93.75
3	10102	万茜	78	96	89	93	356	89
4	10103	李仙	90	76	69	90	325	81.25
5	10104	张玲	88	89	87	96	360	90
6	10105	李晓	96	94	88	92	370	92.5
7	10106	雷俊	84	83	69	97	333	83.25
8	10107	张亮	76	75	86	94	331	82.75
9	10108	钱多多	89	95	84	91	359	89.75
10	10109	李军	82	76	86	96	340	85
11	10110	吴纯	76	89	85	80	330	82.5

图 4-97 函数使用

步骤 3：算出"语文"成绩中的最高分和"计算机"中的最低分。

在 C12 单元格中输入求最大值的函数"=MAX(C2:C11)"，得到语文成绩最大值；在 F12 单元格中求出计算机分数的最小值"=MIN(F2:F11)"，结果如图 4-98 所示。

	A	B	C	D	E	F	G	H
1	学号	姓名	语文	数学	英语	计算机	总成绩	平均分
2	10101	王丹	98	88	99	90	375	93.75
3	10102	万茜	78	96	89	93	356	89
4	10103	李仙	90	76	69	90	325	81.25
5	10104	张玲	88	89	87	96	360	90
6	10105	李晓	96	94	88	92	370	92.5
7	10106	雷俊	84	83	69	97	333	83.25
8	10107	张亮	76	75	86	94	331	82.75
9	10108	钱多多	89	95	84	91	359	89.75
10	10109	李军	82	76	86	96	340	85
11	10110	吴纯	76	89	85	80	330	82.5
12			98			80		

图 4-98 最大、小值

步骤 4：找出学号为 10106 的同学的姓名。

在 C15 单元格中输入学号"10106"，在 D15 单元格中输入查找函数"=VLOOKUP(C15,A:B,2,0)"，按 Enter 键后得到查找结果，如图 4-99 所示。

	A	B	C	D	E	F	G	H
1	学号	姓名	语文	数学	英语	计算机	总成绩	平均分
2	10101	王丹	98	88	99	90	375	93.75
3	10102	万茜	78	96	89	93	356	89
4	10103	李仙	90	76	69	90	325	81.25
5	10104	张玲	88	89	87	96	360	90
6	10105	李晓	96	94	88	92	370	92.5
7	10106	雷俊	84	83	69	97	333	83.25
8	10107	张亮	76	75	86	94	331	82.75
9	10108	钱多多	89	95	84	91	359	89.75
10	10109	李军	82	76	86	96	340	85
11	10110	吴纯	76	89	85	80	330	82.5
12			98			80		
13								
14								
15			10106	雷俊				
16								

图 4 – 99　查找函数

4.6　打印设置

一个好的工作表不但要有丰富、详尽的内容，还要有简洁、美观的样式。工作表是文本和数据的存放处，通过对工作表格式的设置，可以使工作表的结构简洁、样式美观，为工作表添加边框和底纹可以使内容的重点突出，易于查看。使用单元格样式和表格样式可以快速设置专业的格式。

1. 格式化工作表

（1）设置字体格式。

Excel 2010 中设置字体格式和 Word 中的方法相似。在图 4 – 100 所示表中将 A1：G1 单元格中的字体设置为"黑体"，字号"16 磅，加粗"，文字颜色为"蓝色，强调文字颜色 1，深色 25%"；设置 A2：G9 单元格内文字字体为"宋体"，字号"10 磅"。

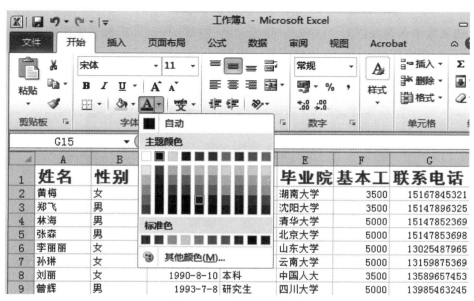

图 4 – 100　设置字体格式

（2）设置单元格对齐方式。

为了使表格中的信息看起来简洁、整齐，将表中所有单元格的对齐方式都设置为居中对齐。其操作步骤为：选择 A1:G9 单元格区域，单击"开始"选项卡下"对齐方式"组中的"居中对齐"按钮，且通过双击单元格右框线来调整单元格宽度，让所有文字信息能显示完全。如图 4-101 所示。

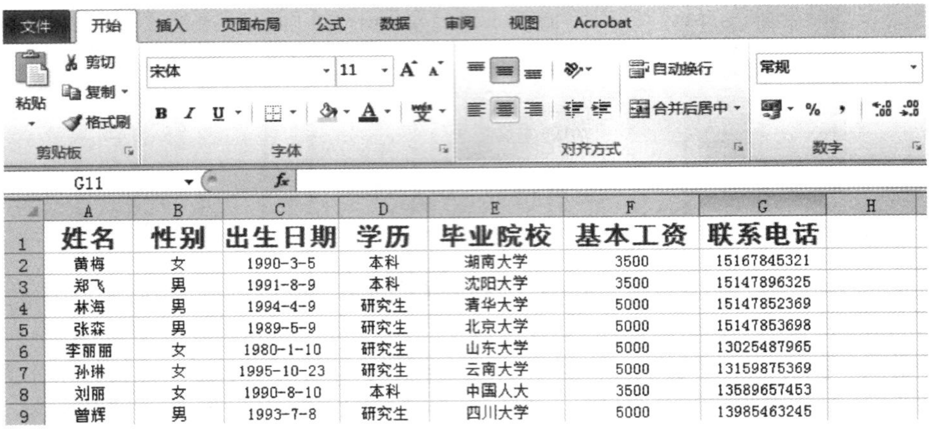

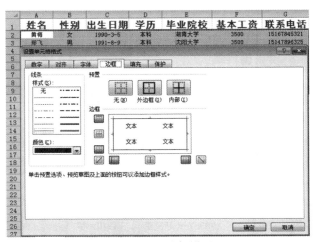

图 4-101　居中对齐

知识链接

在 Excel 中，单元格内容的对齐方式通常根据内容的类型自动变化。一般来说，文本数据信息采用左对齐，数值或者日期类型是右对齐。

（3）设置单元格边框。

为了让表格看起来更美观，可以为单元格添加边框效果，选择 A2:G9 单元格区域，单击"开始"选项卡下"字体"组中的"对话框启动器"按钮，选择"边框"选项卡，在"线条"选项组中选择颜色为"深蓝"，单击"外边框"按钮为所选区域添加外边框，如图 4-102 所示。用同样的方法设置表格内部线条。

图 4-102　边框设置

（4）设置单元格填充样式。

在修饰单元格时，常常会在单元格中添加填充效果。通过"开始"选项卡中的"填充颜色"按钮为A1:G1单元格区域设置"红色"，将A2:C9单元格区域设置成"蓝色"，将D2:G9单元格区域设置为"绿色"，如图4-103所示。

	A	B	C	D	E	F	G
1	姓名	性别	出生日期	学历	毕业院校	基本工资	联系电话
2	黄梅	女	1990-3-5	本科	湖南大学	3500	15167845321
3	郑飞	男	1991-8-9	本科	沈阳大学	3500	15147896325
4	林海	男	1994-4-9	研究生	清华大学	5000	15147852369
5	张森	男	1989-5-9	研究生	北京大学	5000	15147853698
6	李丽丽	女	1980-1-10	研究生	山东大学	5000	13025487965
7	孙琳	女	1995-10-23	研究生	云南大学	5000	13159875369
8	刘丽	女	1990-8-10	本科	中国人大	3500	13589657453
9	曾辉	男	1993-7-8	研究生	四川大学	5000	13985463245

图4-103 填充样式

2. 插入表格标题并格式化

为了使表格更加美观、主题更加鲜明，通常需要为表格添加标题，并对其进行格式化。

（1）插入表格标题。

在表格区域上方，单击第1行行号选择该行，单击"开始"选项卡下"单元格"组中的"插入"下拉按钮，在弹出的下拉列表中选择"插入工作表行"选项，如图4-104所示，即可在第1行上方插入1行，输入表格标题"星宇互联网有限公司员工信息表"。

图4-104 插入行

（2）合并单元格。

选中A1:G1单元格区域，单击"开始"选项卡下"对齐方式"组中的"合并后居中"按钮合并单元格区域，如图4-105所示。

图4-105 合并后居中

（3）设置行高。

为标题字体设置华文行楷、20 磅字号。由于设置了字号，标题所在行的高度也自动调整为合适的高度。若要设置行高为具体的数值，可在行号上单击鼠标右键，在弹出的快捷菜单中选择"行高"命令，然后在对话框中输入行高的具体数值，这里输入"30"，最后单击"确定"按钮，如图 4–106 所示。

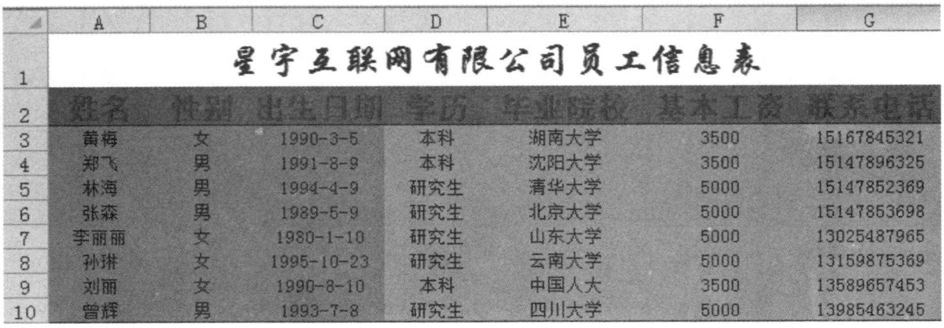

图 4–106　行高

3. 纸张大小及方向

在 Excel 2010 中，默认的纸张大小为"A4"纸，纸张方向有"横向"和"纵向"，可根据打印需求进行设置。具体操作方法：单击"页面布局"选项卡下的"页面设置"组中的"纸张方向"按钮，在弹出的下拉列表中选择"横向"或者"纵向"，如图 4–107 所示。

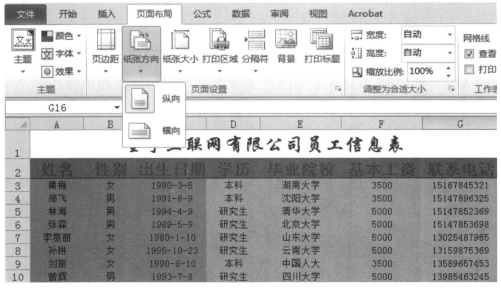

图 4–107　纸张大小、方向

4. 页边距

当表格内容打印在纸张上时，内容与页面边缘之间会有一定的距离，这段距离就是页边距。页边距包括"上边距""下边距""左边距"和"右边距"。设置页边距的具体操作方法：单击"页面布局"选项卡下"页面设置"组中的"页边距"按钮，在下拉列表中选择需要设置的页边距数值，如图 4 – 108 所示。

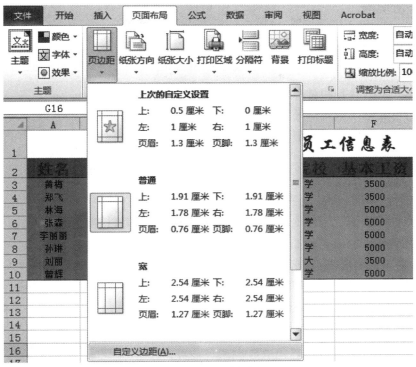

图 4 – 108 页边距

5. 打印预览

把表格打印出来之前需要先查看表格的打印效果。具体操作：选择"文件"中的"打印"命令，此时右侧窗格中则会显示出表格的预览效果，如图 4 – 109 所示。

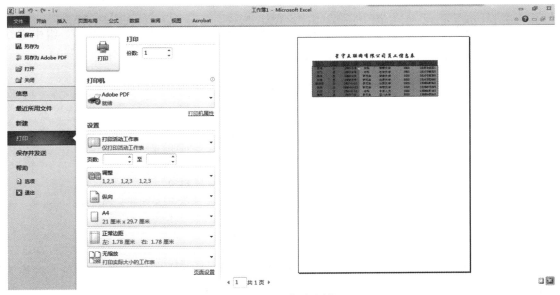

图 4 – 109 打印预览

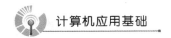

实训：销售情况表

⊙掌握单元格的合并和对齐操作

⊙可以为单元格或单元格区域添加边框和填充颜色

⊙能设置纸张方向及页边距

步骤 1：建立一个 Excel 电子表格并往里输入内容。

（1）在桌面上右击，新建 Excel 文档，并重命名为"销售情况表"。

（2）输入表格中的内容，如图 4 – 110 所示。

步骤 2：对单元格区域进行合并后居中操作。

（1）对单元格区域 A1:E1 进行合并后居中操作，字体黑体、红色，字号 18；A2:E7 区域垂直水平都居中，字号为 12 号，如图 4 – 111 所示。

	A	B	C	D	E
1	销售情况表				
2	品牌	第一季度	第二季度	第三季度	第四季度
3	苹果	5000	5500	4900	5600
4	华为	6000	5900	5500	6200
5	三星	4000	4100	4600	5000
6	OPPO	4500	5000	4800	5200
7	VIVO	3500	4000	4600	5100

图 4 – 110　销售情况表

	A	B	C	D	E
1	销售情况表				
2	品牌	第一季度	第二季度	第三季度	第四季度
3	苹果	5000	5500	4900	5600
4	华为	6000	5900	5500	6200
5	三星	4000	4100	4600	5000
6	OPPO	4500	5000	4800	5200
7	VIVO	3500	4000	4600	5100

图 4 – 111　合并居中

（2）对单元格区域 A2:E7 添加外边框，在"单元格格式"对话框的"边框"组中把线型设置为细实线，蓝色，且为 A3:A7 区域添加黄色底纹，如图 4 – 112 所示。

	A	B	C	D	E
1	销售情况表				
2	品牌	第一季度	第二季度	第三季度	第四季度
3	苹果	5000	5500	4900	5600
4	华为	6000	5900	5500	6200
5	三星	4000	4100	4600	5000
6	OPPO	4500	5000	4800	5200
7	VIVO	3500	4000	4600	5100

图 4 – 112　边框和底纹

步骤 3：页面设置。

在"页面设置"中更改"纸张方向"为"横向"，"页边距"上、下、左、右均为"2 cm"，如图 4 – 113 所示。

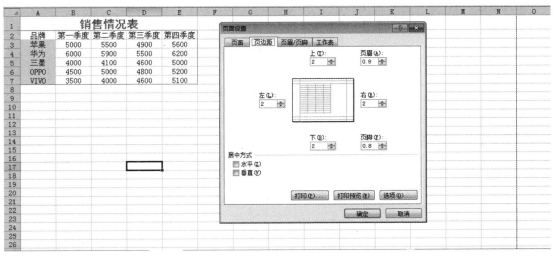

图4-113　纸张方向

习题与实训

一、单项选择题

1. 第一次启动 Excel 2010 时，默认文档名为（　　　）。

A. 文档1　　　　　　B. Excel 1　　　　　　C. 工作簿1　　　　　　D. 工作表1

2. Excel 默认保存文件扩展名为（　　　）。

A. . xlsb　　　　　　B. . xlsx　　　　　　C. . docx　　　　　　D. . Xml

3. Excel 默认字号是（　　　）。

A. 五号　　　　　　B. 5 磅　　　　　　C. 11 磅　　　　　　D. 11 号

4. 新建工作簿时，系统会默认生成（　　　）个工作表。

A. 3　　　　　　B. 1　　　　　　C. 4　　　　　　D. 0

5. Excel 2010 的默认工作表分别命名为（　　　）。

A. Sheet1，Sheet2，Sheet3　　　　　　B. Book1，Book2，Book3

C. Table1，Table2，Table3　　　　　　D. List1，List2，List3

6. Excel 默认视图为（　　　）。

A. 页面视图　　　　　　B. 普通视图　　　　　　C. 全屏显示　　　　　　D. 页面布局

7. Excel 2010 中，列宽和行高（　　　）。

A. 都可以改变　　　　　　　　　　B. 只能改变列宽

C. 只能改变行高　　　　　　　　　　D. 都不能改变

8. Excel 2010 中，在单元格中输入公式，应首先输入的是（　　　）。

A. :　　　　　　B. =　　　　　　C. ?　　　　　　D. *

9. 工作表的列标表示为（　　　）。

A. 1，2，3　　　　　　B. A，B，C　　　　　　C. 甲，乙，丙　　　　　　D. Ⅰ，Ⅱ，Ⅲ

10. Excel 2010 中，若要选定多个不连续的行，所用的键是（　　）。

A. Shift　　　　　　B. Ctrl　　　　　　C. Alt　　　　　　D. Ctrl + Shift

11. Excel 2010 中，"排序"对话框中的"升序"和"降序"指的是（　　）。

A. 数据的大小　　　B. 排列次序　　　C. 单元格的数目　　D. 以上都不对

12. Excel 2010 中，若在工作表中插入一行，则一般插在当前行的（　　）。

A. 左侧　　　　　　B. 上方　　　　　　C. 右侧　　　　　　D. 下方

13. Excel 中分类汇总的默认汇总方式是（　　）。

A. 求和　　　　　　B. 求平均值　　　　C. 求最大值　　　　D. 求最小值

14. Office 办公软件是（　　）公司开发的。

A. WPS　　　　　　B. Microsoft　　　　C. Adobe　　　　　D. IBM

15. 以下不属于 Excel 的填充方式的是（　　）。

A. 等差填充　　　　B. 等比填充　　　　C. 排序填充　　　　D. 日期填充

16. 已知 Excel 某工作表中的 D1 单元格等于 1，D2 单元格等于 2，D3 单元格等于 3，D4 单元格等于 4，D5 单元格等于 5，D6 单元格等于 6，则 SUM（D1：D3，D6）的结果是（　　）。

A. 10　　　　　　　B. 6　　　　　　　C. 12　　　　　　　D. 21

17. 有关 Excel 2010 打印的说法，错误的理解是（　　）。

A. 可以打印工作表　　　　　　　　　　B. 可以打印图表

C. 可以打印图形　　　　　　　　　　　D. 不可以进行任何打印

18. 在 Excel 2010 中进行分类汇总之前，必须对数据清单进行（　　）。

A. 筛选　　　　　　B. 排序　　　　　　C. 建立数据库　　　D. 有效计算

二、填空题

1. Excel 2010 的_____是计算和存储数据的文件。

2. 在 Excel 2010 中，在某段时间内，可以同时有_____个活动的工作表。

3. 单元格中的数据在水平方向上有_____、_____和_____3 种对齐方式。

4. 在 Excel 2010 中设置的打印方向有_____和_____。

三、判断题

1. 创建数据透视表时，默认情况下是创建在新表中。（　　）

2. 在进行分类汇总时，一定要先排序。（　　）

3. Excel 中不可以对数据进行排序。（　　）

4. Excel 允许用户根据自己的习惯来定义排序的次序。（　　）

5. 在 Excel 中，单元格只能显示公式计算的结果，不能显示输入的公式。（　　）

6. 在 Excel 中，按 Ctrl + Enter 组合键能在所选的多个单元格中输入相同的内容。（　　）

7. 在单元格中输入数字时，会沿单元格左边对齐。（　　）

8. 在单元格中输入 2019/5/2，默认情况会显示 2019 年 5 月 2 日。（　　）

9. 单击选中单元格后输入新内容，则原内容会被覆盖。（　　）

10. Excel 不能对字符型的数据进行排序。（　　）

四、操作题，完成下列职工情况表。

1. 建立图 4－114 所示的素材文件。

	A	B	C	D	E	F
1	职工情况表					
2	编号	姓名	性别	基本工资	水电费	实发工资
3	A01	洪国武	男	1034.70	45.60	
4	B02	张军宏	男	1478.70	56.60	
5	A03	刘德名	男	1310.20	120.30	
6	C04	刘乐给	女	1179.10	62.30	
7	B05	洪国林	男	1621.30	67.00	
8	C06	王小乐	男	1125.70	36.70	
9	C07	张红艳	女	1529.30	93.20	
10	A08	张武学	男	1034.70	15.00	
11	A09	刘冷静	男	1310.20	120.30	
12	B10	陈红	女	1179.10	62.30	
13	C11	吴大林	男	1621.30	67.00	
14	C12	张乐意	男	1125.70	36.70	
15	A13	印红霞	女	1529.30	93.20	

图 4－114　素材图表

2. 在编辑区中选择 A1:H1 单元格区域，在“对齐方式”组中单击“合并后居中”按钮，如图 4－115 所示。

	A	B	C	D	E	F	G	H
1	职工情况表							
2	编号	姓名	性别	基本工资	水电费	实发工资		
3	A01	洪国武	男	1034.70	45.60			
4	B02	张军宏	男	1478.70	56.60			
5	A03	刘德名	男	1310.20	120.30			
6	C04	刘乐给	女	1179.10	62.30			
7	B05	洪国林	男	1621.30	67.00			
8	C06	王小乐	男	1125.70	36.70			
9	C07	张红艳	女	1529.30	93.20			
10	A08	张武学	男	1034.70	15.00			
11	A09	刘冷静	男	1310.20	120.30			
12	B10	陈红	女	1179.10	62.30			
13	C11	吴大林	男	1621.30	67.00			
14	C12	张乐意	男	1125.70	36.70			
15	A13	印红霞	女	1529.30	93.20			

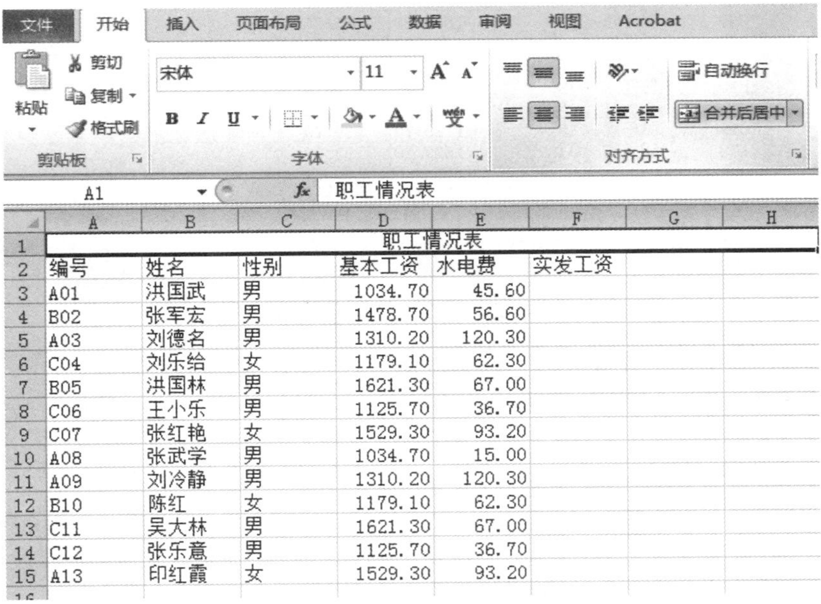

图 4－115　合并居中单元格

3. 在 G2 和 H2 单元格中分别输入“补贴”“奖金”，如图 4－116 所示。

4. 在“开始”选项卡“字体”组中把标题设置为 18 号字，字体为黑体，颜色为深绿，底纹设置为“浅绿色”，且在“单元格格式设置”中把“对齐方式”设置为水平方向和垂直方向都居中，如图 4－117 所示。

5. 采用与上同样的方法设置表头文字格式为：16 号常规楷体，水平与垂直居中，如图 4－118 所示。

	A	B	C	D	E	F	G	H
1				职工情况表				
2	编号	姓名	性别	基本工资	水电费	实发工资	补贴	奖金
3	A01	洪国武	男	1034.70	45.60			
4	B02	张军宏	男	1478.70	56.60			
5	A03	刘德名	男	1310.20	120.30			
6	C04	刘乐给	女	1179.10	62.30			
7	B05	洪国林	男	1621.30	67.00			
8	C06	王小乐	男	1125.70	36.70			
9	C07	张红艳	女	1529.30	93.20			
10	A08	张武学	男	1034.70	15.00			
11	A09	刘冷静	男	1310.20	120.30			
12	B10	陈红	女	1179.10	62.30			
13	C11	吴大林	男	1621.30	67.00			
14	C12	张乐意	男	1125.70	36.70			
15	A13	印红霞	女	1529.30	93.20			
16								

图 4 – 116　添加文本信息

	A	B	C	D	E	F	G	H
1				职工情况表				
2	编号	姓名	性别	基本工资	水电费	实发工资	补贴	奖金
3	A01	洪国武	男	1034.70	45.60			
4	B02	张军宏	男	1478.70	56.60			
5	A03	刘德名	男	1310.20	120.30			
6	C04	刘乐给	女	1179.10	62.30			
7	B05	洪国林	男	1621.30	67.00			
8	C06	王小乐	男	1125.70	36.70			
9	C07	张红艳	女	1529.30	93.20			
10	A08	张武学	男	1034.70	15.00			
11	A09	刘冷静	男	1310.20	120.30			
12	B10	陈红	女	1179.10	62.30			
13	C11	吴大林	男	1621.30	67.00			
14	C12	张乐意	男	1125.70	36.70			
15	A13	印红霞	女	1529.30	93.20			

图 4 – 117　标题设置

图 4 – 118　表头设置

6. 在第二行的行号上通过单击鼠标右键，找到"行高"，将其设置为 27，再将 A 到 H 列的列宽都设置为 11，如图 4-119 所示。

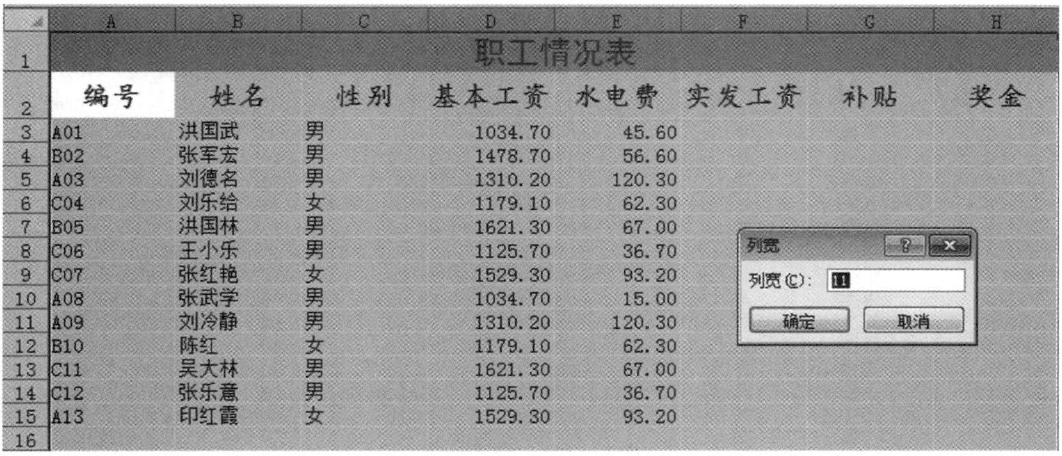

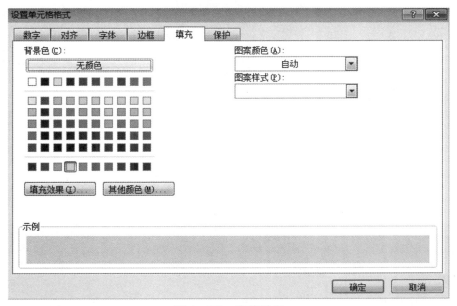

图 4-119　行高、列宽设置

7. 选中 A2:H2 单元格区域，设置单元格格式，为其添加黄色底纹，如图 4-120 所示。

图 4-120　底纹设置

8. 通过以下公式算出"实发工资""补贴"和"奖金"：实发工资＝基本工资－水电费；补贴＝水电费＋45；奖金＝（基本工资/800）＊8＋水电费，如图 4-121 所示。

9. 通过求和函数 SUM 计算出总的实发工资，如图 4-122 所示。

10. 选中 A3:C15 单元格区域，进行单元格格式设置，填充颜色设置为"蓝色"，D3:H15区域设置为"浅蓝色"，如图 4-123 所示。

11. 选中 D3:H15 单元格区域，进行单元格格式设置，单击"数字"选项卡下的"数值"，把小数位数设置为 0，如图 4-124 所示。

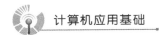

12. 选中 A2：D15 单元格区域，单击"插入"选项卡，找到"图表"组中的"柱形图"，如图 4 – 125 所示，并将其设置为"簇状柱形图"，如图 4 – 126 所示。

	A	B	C	D	E	F	G	H
1					职工情况表			
2	编号	姓名	性别	基本工资	水电费	实发工资	补贴	奖金
3	A01	洪国武	男	1034.70	45.60	989.10	90.60	55.947
4	B02	张军宏	男	1478.70	56.60	1422.10	101.60	71.387
5	A03	刘德名	男	1310.20	120.30	1189.90	165.30	133.402
6	C04	刘乐给	女	1179.10	62.30	1116.80	107.30	74.091
7	B05	洪国林	男	1621.30	67.00	1554.30	112.00	83.213
8	C06	王小乐	男	1125.70	36.70	1089.00	81.70	47.957
9	C07	张红艳	女	1529.30	93.20	1436.10	138.20	108.493
10	A08	张武学	男	1034.70	15.00	1019.70	60.00	25.347
11	A09	刘冷静	男	1310.20	120.30	1189.90	165.30	133.402
12	B10	陈红	女	1179.10	62.30	1116.80	107.30	74.091
13	C11	吴大林	男	1621.30	67.00	1554.30	112.00	83.213
14	C12	张乐意	男	1125.70	36.70	1089.00	81.70	47.957
15	A13	印红霞	女	1529.30	93.20	1436.10	138.20	108.493

图 4 – 121 公式计算

	A	B	C	D	E	F	G	H
1					职工情况表			
2	编号	姓名	性别	基本工资	水电费	实发工资	补贴	奖金
3	A01	洪国武	男	1034.70	45.60	989.10	90.60	55.947
4	B02	张军宏	男	1478.70	56.60	1422.10	101.60	71.387
5	A03	刘德名	男	1310.20	120.30	1189.90	165.30	133.402
6	C04	刘乐给	女	1179.10	62.30	1116.80	107.30	74.091
7	B05	洪国林	男	1621.30	67.00	1554.30	112.00	83.213
8	C06	王小乐	男	1125.70	36.70	1089.00	81.70	47.957
9	C07	张红艳	女	1529.30	93.20	1436.10	138.20	108.493
10	A08	张武学	男	1034.70	15.00	1019.70	60.00	25.347
11	A09	刘冷静	男	1310.20	120.30	1189.90	165.30	133.402
12	B10	陈红	女	1179.10	62.30	1116.80	107.30	74.091
13	C11	吴大林	男	1621.30	67.00	1554.30	112.00	83.213
14	C12	张乐意	男	1125.70	36.70	1089.00	81.70	47.957
15	A13	印红霞	女	1529.30	93.20	1436.10	138.20	108.493
16						=SUM(F3:F15)		

图 4 – 122 SUM 求和函数

	A	B	C	D	E	F	G	H
1					职工情况表			
2	编号	姓名	性别	基本工资	水电费	实发工资	补贴	奖金
3	A01	洪国武	男	1034.70	45.60	989.10	90.60	55.947
4	B02	张军宏	男	1478.70	56.60	1422.10	101.60	71.387
5	A03	刘德名	男	1310.20	120.30	1189.90	165.30	133.402
6	C04	刘乐给	女	1179.10	62.30	1116.80	107.30	74.091
7	B05	洪国林	男	1621.30	67.00	1554.30	112.00	83.213
8	C06	王小乐	男	1125.70	36.70	1089.00	81.70	47.957
9	C07	张红艳	女	1529.30	93.20	1436.10	138.20	108.493
10	A08	张武学	男	1034.70	15.00	1019.70	60.00	25.347
11	A09	刘冷静	男	1310.20	120.30	1189.90	165.30	133.402
12	B10	陈红	女	1179.10	62.30	1116.80	107.30	74.091
13	C11	吴大林	男	1621.30	67.00	1554.30	112.00	83.213
14	C12	张乐意	男	1125.70	36.70	1089.00	81.70	47.957
15	A13	印红霞	女	1529.30	93.20	1436.10	138.20	108.493

图 4 – 123 填充设置

图4-124 小数位数设置

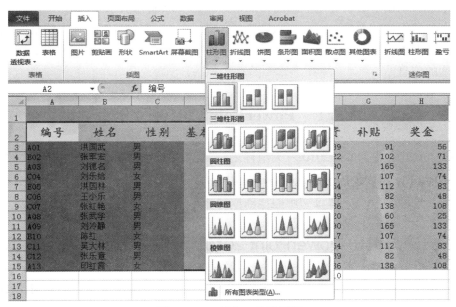

图4-125 插入二维柱形图

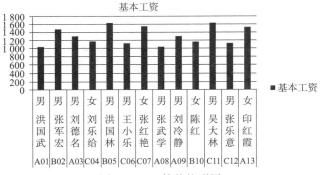

图4-126 簇状柱形图

第5章

PowerPoint 2010 演示文稿制作软件

PowerPoint 2010 是微软公司推出的目前最流行的一款制作演示文稿的办公软件，被广泛运用在各个领域，运用 PowerPoint 可以将文字、图片、声音、视频等各类信息组织在一起，根据它所提供的工具，通过创建专业、美观、实用的演示文稿，更加生动、形象地表达演示者所要传达的信息。

5.1　PowerPoint 2010 简介

PowerPoint 2010 是 Office 2010 三大组件之一，也是最为常用的多媒体制作软件，它被广泛运用于学习和工作领域中。利用 PowerPoint 可以制作出集文字、图片、声音、视频等多种媒体元素为一体的幻灯片，通过动画的形式放映出来。

5.1.1　启动与退出 PowerPoint 2010

在制作演示文稿前，用户要先熟悉 PowerPoint 2010 的工作环境和启动与退出 PowerPoint 2010 的方法。

1. 启动 PowerPoint 2010

安装好 PowerPoint 2010 后就可以启动 PowerPoint 2010 了。启动方法有以下两种。

（1）在 Windows 7 操作系统左下角单击"开始"按钮▓，在弹出的"开始"菜单中选择"所有程序"，然后选择"Microsoft Office"，展开下拉菜单，选择"Microsoft PowerPoint 2010"，如图 5-1 所示。

（2）在桌面空白处右击，选择"新建"菜单，在层叠菜单中选择 Microsoft PowerPoint 演示文稿。

2. 退出 PowerPoint 2010

退出 PowerPoint 2010 的操作方法如下。

图 5 – 1 启动 PowerPoint 2010

（1）单击工作界面右上角的"关闭"按钮，可直接关闭 PowerPoint 2010 软件。

（2）在打开的 PowerPoint 2010 窗口中，切换到"文件"选项卡后，单击"关闭"选项可关闭当前正在编辑的演示文稿。

（3）在打开的 PowerPoint 2010 窗口中，切换到"文件"选项卡后，单击"退出"选项即可退出，如图 5 –2 所示。

5.1.2 认识 PowerPoint 2010 工作界面

PowerPoint 2010 的工作界面继承了 Office 家族的传统优势，与其他组件大同小异，如图 5 –3 所示。

1. 标题栏

标题栏位于 PowerPoint 2010 工作界面的最上方，主要显示软件的名称和当前正在编辑的文稿的名称。

2. 快速访问工具栏

快速访问工具栏位于 PowerPoint 2010 工作界面的最左上方，用于一些快速执行的操作。默认情况下，快速访问工具栏包括保存 、撤销 、恢复 3 个按钮。在使用过程中，用户可根据实际需要在快速访问工具栏中添加或者删除命令按钮。

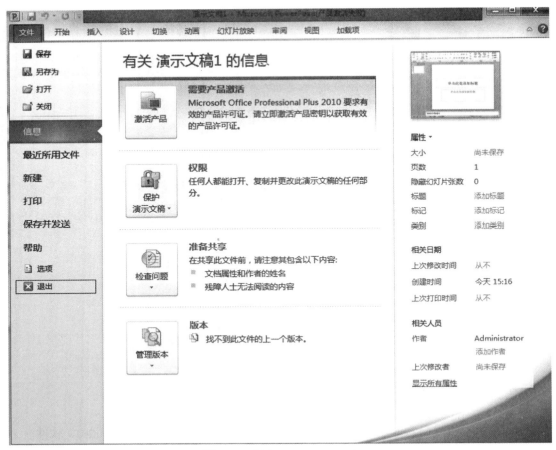

图 5 - 2　退出 PowerPoint 2010

图 5 - 3　PowerPoint 2010 工作界面

3. 功能区

功能区位于标题栏下方，主要包括 10 个选项卡，分别为文件、开始、插入、设计、切换、动画、幻灯片放映、视图、审阅、加载项，各个选项卡的功能见表 5 - 1。

表 5 - 1 选项卡所对应的功能

选项卡	主要功能
文件	创建新文件，打开或保存现有文件和打印演示文稿
开始	插入新幻灯片、将对象组合在一起及设置幻灯片上的文本的格式
插入	可将表、形状、图表、页眉或页脚插入演示文稿中
设计	自定义演示文稿的背景，主题、颜色和页面设置
切换	可对当前幻灯片应用、更改或删除切换
动画	对幻灯片上的对象应用、更改或删除动画
幻灯片放映	可开始幻灯片放映、自定义幻灯片放映的设置和隐藏单个幻灯片
视图	可以查看幻灯片母版、备注母版、浏览幻灯片。还可以打开和关闭标尺、网格线和绘图指导
审阅	检查拼写、更改演示文稿中的语言或比较当前演示文稿与其他演示文稿的差异
加载项	含校对、语言、中文简繁转换、批注和比较几个功能

4. 幻灯片编辑区

幻灯片编辑区是用户制作、编辑、修改幻灯片的工作区，可在此区域输入内容并对其进行编辑、插入图片、插入音视频、设置动画效果等，是 PowerPoint 2010 的主要操作区域。

5. 大纲和幻灯片窗格

大纲和幻灯片窗格是普通视图模式下的一个窗格，通过大纲按钮和幻灯片按钮可以快速切换显示模式。在幻灯片模式下，可以显示演示文稿中所有幻灯片；在大纲模式下，可以显示每张幻灯片中的文字和标题。

6. 状态栏

状态栏位于窗口的底部，主要显示幻灯片张数、主题名称，以及进行语法检查、切换视图模式、幻灯片放映和显示比例等。

7. 备注编辑区

备注编辑区位于幻灯片编辑区的下方，主要用于为幻灯片添加备注，对幻灯片的内容进行补充。

8. 视图模式

PowerPoint 2010 提供了 4 种视图模式：普通视图、幻灯片浏览视图、备注页视图、幻灯

片放映视图，用户可根据需要切换不同的视图。

<h1 style="text-align:center">5.2 PowerPoint 2010 的基本操作</h1>

在使用 PowerPoint 创建一个演示文稿时，首先要掌握 PowerPoint 2010 的一些基本操作方法，为后面深入学习 PowerPoint 2010 知识奠定基础，本节主要介绍创建演示文稿、创建幻灯片、保存与关闭演示文稿/幻灯片及为演示文稿加密等基本操作。

5.2.1 创建演示文稿

在使用 PowerPoint 2010 制作演示文稿时，首先要新建一个 PowerPoint 演示文稿。新建演示文稿有多种方法：

1. 新建空白演示文稿

启动 PowerPoint 2010 后，系统会自动创建一个空白的演示文稿。如果还需要创建另一个空白演示文稿，可通过如下方法实现：启动 PowerPoint 2010 后，单击"文件"选项卡，选择"新建"，在"可用的模板和主题"区域双击"空白演示文稿"，如图 5-4 所示。

图 5-4 创建空白演示文稿

2. 根据模板创建演示文稿

启动 PowerPoint 2010 后，除了可以创建空白演示文稿外，还可以根据模板创建演示文稿，模板包含了实例幻灯片、背景图片、自定义的文字和字体主题等。创建的方法如下：启动 PowerPoint 2010 后，单击"文件"→"新建"命令，在"可用的模板和主题"区域单击"样本模板"，如图 5-5 所示；选择模板，如图 5-6 所示；双击所选择的模板，即可完成根据模板创建演示文稿操作。

图 5 – 5 使用模板创建演示文稿

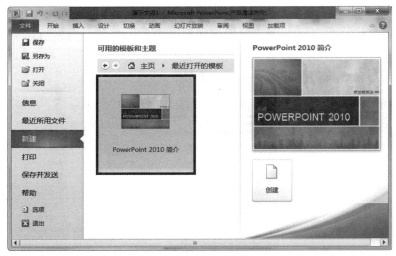

图 5 – 6 模板样式

5.2.2 保存、打开演示文稿

一、保存演示文稿

在 PowerPoint 2010 中，编辑好的演示文稿需要保存起来。保存方法如下：单击"文件"→"另存为"命令，打开"另存为"对话框，选择保存文件的路径，输入文件名，设置好后单击"保存"按钮，如图 5 – 7 所示。

图 5 – 7　保存演示文稿

二、打开演示文稿

对于已经保存的演示文稿，用户可以再次打开查看与编辑。打开方法如下：单击"文件"→"打开"选项，在弹出的"打开"对话框中选择打开文件的位置，选择要打开的文件，单击"打开"按钮即可打开演示文稿，如图 5 – 8 所示。

图 5 – 8　打开演示文稿

备注：关闭演示文稿的操作在上节中的"退出 PowerPoint 2010"已经介绍过，本节不再介绍。

5.2.3　添加、移动、删除幻灯片

演示文稿一般由一张或者多张幻灯片组成，而新建的空白演示文稿只包含一张幻灯片，用户需要插入新的幻灯片。当演示文稿中包含多张幻灯片时，需要对幻灯片进行复制、移动、选择、删除等操作。

一、新建幻灯片

启动的 PowerPoint 2010 中包含一张幻灯片，用户可以在普通视图中插入幻灯片或者使用快捷键插入幻灯片。

在启动的 PowerPoint 2010 中选择准备插入新幻灯片的位置，单击"开始"菜单，在"幻灯片"中单击"新建幻灯片"，在弹出的下拉菜单中选择插入幻灯片的样式，如图 5 – 9 所示。

图 5 – 9　新建幻灯片

选择准备插入新幻灯片的位置，使用快捷键 Ctrl + M 新建幻灯片。

二、复制、粘贴幻灯片

对于一些需要重复使用的幻灯片，用户可以复制并粘贴到指定的位置。

1. 复制幻灯片

选择需要复制的幻灯片，右击，在弹出的菜单中选择"复制"。

2. 粘贴幻灯片

选择准备粘贴幻灯片的目标位置，右击，选择"粘贴"。

三、移动和删除幻灯片

1. 移动幻灯片

如果觉得原来的幻灯片排序不合理，可对幻灯片的位置进行调整，将已有的幻灯片移到指定的位置。移动方法如下：选择需要移动的幻灯片，单击并拖动幻灯片，拖动该幻灯片至目标位置，然后释放鼠标；用户可以看到选择的幻灯片已被移动到指定的位置。

2. 删除幻灯片

在编辑过程中，遇到不需要的幻灯片可以删除。删除方法如下：选择需要删除的幻灯片，右击，在弹出快捷菜单中选择"删除幻灯片"命令，即可删除幻灯片。

5.3　PowerPoint 2010 中的文本

文字是演示文稿的基本元素，课件中的大多数内容都需要文字来实现，本节主要介绍在幻灯片中输入文本的相关知识及操作方法。

5.3.1　文本占位符

在使用自动版式创建的幻灯片时，幻灯片上会出现一些带格式的文本框，其中还有一些文字，称为文本占位符。只要按照这些文字提示，单击文本框，即可在其中输入文字。下面以制作一个演示文稿的封面为例，讲述使用文本占位符输入文字的方法。

（1）新建一个空白演示文稿，此演示文稿的第一张幻灯片为标题幻灯片。

（2）单击幻灯片上的"单击此处添加标题"文本占位符，出现一个文本框，并且光标在里面闪动，输入"我的大学"演示文稿名称，并设置合适的字体格式。

（3）单击幻灯片上的"单击此处添加副标题"文本占位符，在文本框中输入"云南经贸外事职业学院"，设置合适的字体格式，并将文本占位符移动到合适的位置。

（4）将鼠标移动到文本占位符外，单击，取消其激活状态，完成封面制作，如图 5 - 10 所示。

5.3.2　文本框

用户除了可以在幻灯片提供的文本占位符中输入文本外，还可以在文本框中输入文本。为了便于控制幻灯片的版面，幻灯片上的文字都可以放在文本框中，根据需要可对文本框中的文字进行设置，也可对它的风格进行修改。文本占位符本质上也是一个文本框。

一、插入文本框

通过插入文本框实现添加文本内容。插入文本框的方法如下：在"插入"功能区中单

图 5 – 10 课件封面效果图

击"文本框",在弹出的下拉菜单中有"横排文本框"和"垂直文本框"选项,选择"横排文本框",如图 5 – 11 所示。

图 5 – 11 插入文本框

二、绘制文本框

此时鼠标呈十字状，单击并拖动鼠标在幻灯片中绘制文本框，绘制完成后，释放鼠标，如图 5 – 12 所示，此时可以在其中直接输入文本内容。

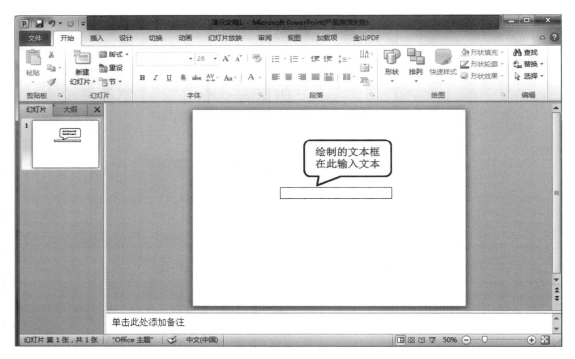

图 5 – 12 绘制文本框

5.4 演示文稿中编辑媒体对象

对于一个演示文稿来说，只有文字是不够的，要使 PowerPoint 2010 具有较强的吸引力，需要在幻灯片中添加各种各样的多媒体对象，包括文本、图形、视频、音频等。

5.4.1 插入形状对象

在制作演示文稿的过程中，对于一些具有说明性的图形内容，用户可在幻灯片中插入自选图形，并根据需要对其进行编辑，从而使幻灯片达到图文并茂的效果。

一、绘制自选图形

PowerPoint 2010 中提供的自选图形包括线条、矩形、基本形状、箭头汇总、公式形状、流程图、星与旗帜和标注等。绘制形状操作如下：选择"插入"选项卡，在插图组件中单击"形状"的下拉菜单，在弹出的下拉菜单中选择需要绘制的形状，如图 5 – 13

所示。移动鼠标到幻灯片编辑区，单击鼠标左键绘制图形，绘制完成后释放鼠标即可完成绘制。

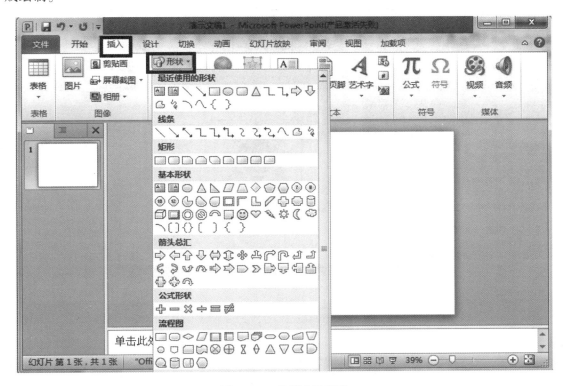

图 5 – 13　绘制自选图形

二、美化自选图形

在 PowerPoint 2010 中，用户可以对绘制好的图形进行美化，可以通过形状填充、轮廓格式、形状效果等来美化自选图形。美化图形前先选中自选图形，选择"格式"菜单即可对图形进行美化，如图 5 – 14 所示。

5.4.2　插入图片

可以在演示文稿中插入图片，将内容更加直观地呈现出来，获得语言无法达到的效果。从某种意义上说，图片是演示文稿中不可或缺的元素。

一、插入图片

在编辑演示文稿过程中，插入图片可以使整张幻灯片达到图文并茂的效果，让整个演示文稿更加生动。插入图片方法如下：选择"插入"菜单，在"图像"组件中单击"图片"按钮，如图 5 – 15 所示；在弹出的"插入图片"对话框中，选择图片保存位置，选择准备使用的图片，单击"插入"按钮，如图 5 – 16 所示。

计算机应用基础

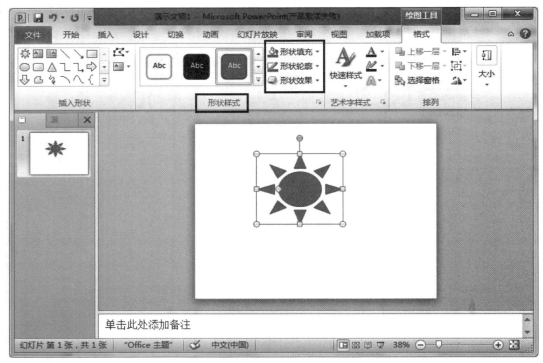

图 5-14　美化自选图形

图 5-15　插入图片

图 5 - 16　选择插入图片

二、设置图片

在 PowerPoint 2010 中可以对插入的图片进行设置，主要包括调整图片的颜色、设置图片的样式、更改图片的大小等。

1. 使用"图片工具"功能区编辑图片

对图片进行设置是首先选中图片，在"图片工具"功能区中选择"格式"，即可设置图片的尺寸、颜色、对比度、亮度、裁剪压缩图片等，如图 5 - 17 所示。

2. 使用"设置图片格式"对话框设置图片

选中图片，右击，选择"设置图片格式"，可以对图片的亮度和对比度等属性进行设置，如图 5 - 18 所示。

还可以精确地设置图片的尺寸、位置、旋转等属性，如图 5 - 19 所示。

5.4.3　插入艺术字

在制作演示文稿的过程中，可以使用艺术字做标题，使标题更加醒目；也可以将艺术字用作正文，起到增强视觉效果、突出文字主题的作用。

一、插入艺术字

打开 PowerPoint 2010，选择"插入"菜单，单击弹出的"艺术字"按钮，会弹出各种艺术字，选择合适的艺术字，如图 5 - 20 所示；在艺术字文本框中输入相应的内容，如图5 - 21所示。

图 5 – 17   "图片工具"功能区

图 5 – 18   设置亮度和对比度

图 5-19　设置大小

图 5-20　插入艺术字

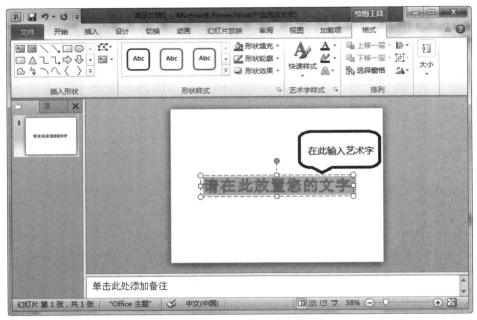

图 5 – 21　艺术字文本框

二、编辑艺术字

在输入好艺术字后，可以在"开始"功能区设置艺术字的字体、文字大小等属性，在"格式"选项卡可设置艺术字的形状、样式、大小等，如图 5 – 22 所示。

图 5 – 22　编辑艺术字

5.4.4 插入 SmartArt 图形

虽然插图和图形比文字更有助于读者理解和记忆信息，但大多数人仍会创建仅包含文字的内容。因此，在 PowerPoint 2010 中提供了 SmartArt 图形，使内容更具逻辑性，从属关系更直观，使展示的幻灯片更清晰明了、易懂易记。

一、插入 SmartArt 图形

在"插入"选项卡"插图"组中单击 SmartArt 工具，弹出"选择 SmartArt 图形"对话框，其中一共有 8 个类型，如图 5 – 23 所示。列表用于创建无序信息的图示；流程用于创建工作过程中演示步骤图示；循环用于创建持续循环的图示；层次结构用于创建组织结构、关系的图示；关系图形主要用于具有包含、对比、中心与部分、整体与等级关系的文字；矩阵创建用于部分与整体关系的图示；棱锥图用于创建各部分比例或者层次信息；图片主要用于表明图片与文字之间的关系。

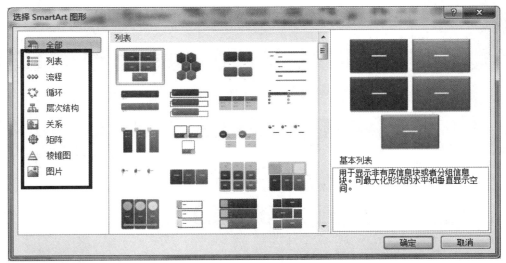

图 5 – 23 选择 SmartArt 图形

选中一个 SmartArt 图形，单击"确定"按钮即可将其插入文档中。单击如图 5 – 24 所示中的推拉按钮，就可以打开浮动窗格，在浮动窗格中输入文字和在图形中输入文字两者是同步的。

二、编辑 SmartArt 图形

可以在"设计"和"格式"两个选项卡中对 SmartArt 图形进行布局、颜色、样式、文字格式的设置等，让图形看起来更有吸引力，如图 5 – 25 所示。

有些默认的图形格式上面的文本框不够，可以自己进行添加。在"创建图形"组中单击"添加形状"选项，在弹出的下拉菜单中单击"在后面添加形状"，就会在图中自动加上一个文本框，如图 5 – 26 所示。

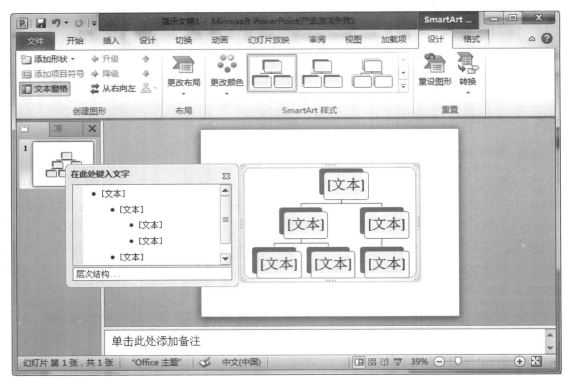

图 5 - 24 插入 SmartArt 图形

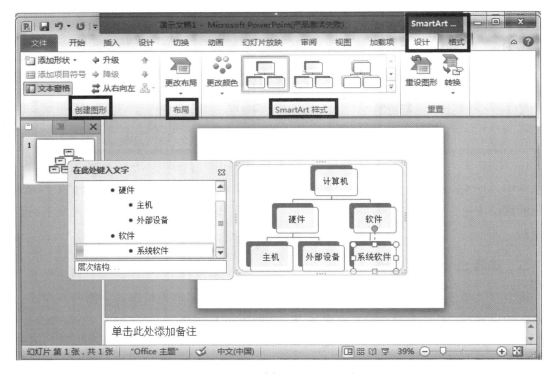

图 5 - 25 编辑 SmartArt 图形

图 5 – 26　添加形状

5.4.5　插入表格

一、创建表格

在幻灯片中插入表格有 3 种方法：自动生成表格、插入表格、绘制表格。

1. 自动生成表格

单击"插入"→"表格"选项，在弹出的模拟列表框中，拖动鼠标设置需要插入表格的行数和列数，如图 5 – 27 所示，此时在幻灯片中就会显示插入的表格。

2. 插入表格

如果知道所需插入表格的行数和列数，可以使用"插入表格"对话框来实现表格的创建。单击"插入"→"表格"选项，在弹出的下拉菜单中选择"插入表格"，弹出"插入表格"对话框，输入表格的行数和列数，设置完成后单击"确定"按钮，如图 5 – 28 所示。

3. 绘制表格

绘制表格时，用户用鼠标在准确的位置绘制表格的每行每列。在创建不标准的表格时，这无疑是一种很好的选择。单击"插入"→"表格"选项，在弹出"插入表格"下拉菜单中选择"绘制表格"，此时鼠标变成铅笔状，将鼠标移动到幻灯片上拖动，即可开始绘制表格。

图 5 - 27　自动生成表格

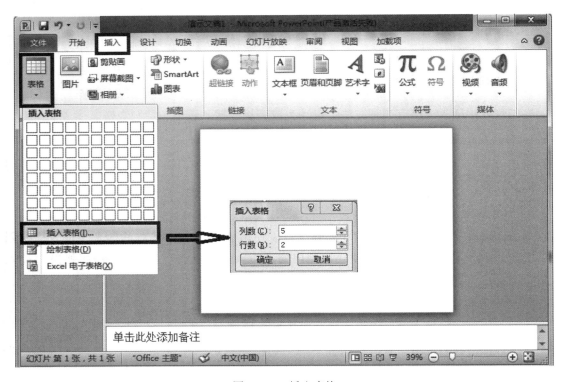

图 5 - 28　插入表格

二、编辑表格

无论是用何种方法创建了表格，都会显示一个"表格工具"功能区，其中包括两个选项卡：一个是"设计"，另一个是"布局"。默认为"设计"选项卡，主要包括预设表格样式、表格的边框效果、表格的填充效果、表格的外观效果（单元格凹凸效果、阴影等），如图 5－29 所示。

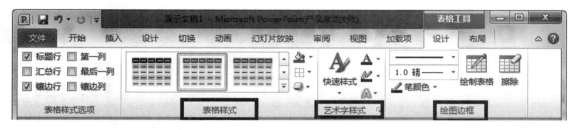

图 5－29　"设计"选项卡

单击"布局"可以切换到"布局"选项卡。在"布局"选项卡中可以插入、删除行和列，拆分、合并单元格，设置单元格大小，设置单元格中文字的对齐方式，设置表格尺寸等，如图 5－30 所示。

图 5－30　"布局"选项卡

5.4.6　插入图表

图表是指用于直观地显示统计信息属性的图形结构，应用图表可以使数据更加直观，更清晰地显示各个数据之间的关系和变化情况，从而方便观众快速而准确地获得信息。PowerPoint 2010 中提供了 11 种图表类型，分别是：条形图、柱状图、折线图、饼图、XY（散点图）、面积图、圆环图、雷达图、股价图、曲面图、气泡图。

一、创建图表

创建图表时，用户只需选择合适的图表类型，并输入相关内容即可。下面应用簇状柱形图制作一个班级期末成绩的图表。

单击"插入"→"图表"按钮，在弹出的"插入图表"对话框中有两个窗格，左边窗格中显示图表的类型，右边显示图表的样式，如图 5 – 31 所示。

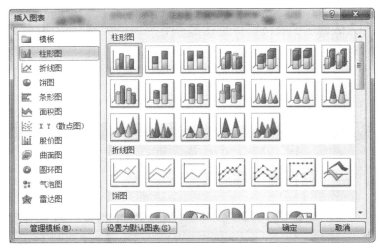

图 5 – 31   "插入图表"对话框

选择柱形图，在右边再选择"簇状柱形图"，单击"确定"按钮，即可插入一个图表，同时会打开一个相应的数据表窗口，如图 5 – 32 所示。

A6			f_x		
	A	B	C	D	E	F
1		系列 1	系列 2	系列 3		
2	类别 1	4.3	2.4	2		
3	类别 2	2.5	4.4	2		
4	类别 3	3.5	1.8	3		
5	类别 4	4.5	2.8	5		
6						
7						
8		若要调整图表数据区域的大小，请拖拽区域的右下角。				

图 5 – 32   插入新图表

二、编辑图表数据

在弹出的 Excel 表中输入相应的数据，返回幻灯片编辑区，可以看到演示文稿中的图表也有相应的数据，图表创建完成，如图 5 – 33 所示。

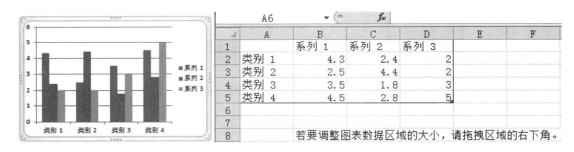

E11			f_x		
	A	B	C	D	E	F
1		语文	数学	外语		
2	小明	89	76	90		
3	小花	70	81	85		
4	小李	68	92	75		
5	小王	85	96	92		
6						
7						
8		若要调整图表数据区域的大小，请拖拽区域的右下角。				

图 5 – 33   创建的图表

三、设置图表

图表创建好后，在功能区中会显示一个"图表工具"选项，其包括"设计""布局"和"格式"3个选项卡，可以使用这3个选项卡对图表进行编辑，如图5－34所示。

设计选项卡

布局选项卡

格式选项卡

图5－34　图表工具

5.4.7　插入声音和视频

随着多媒体技术的发展，声音、视频等多媒体对象在演示文稿中的应用越来越广泛。PowerPoint 2010提供了常见的多媒体文件的支持，能够很方便地在演示文稿中使用这些多媒体对象，以增强课件的风格。

一、在幻灯片中插入声音

在编辑幻灯片过程中，用户可以根据需要插入声音对象的内容作为背景音乐和演示解说，使演示文稿通俗易懂，同时也能达到渲染演示氛围的效果。下面介绍在演示文稿中插入声音的方法。

在PowerPoint 2010中可以插入文件中的声音。选择文件中的声音插入演示文稿中，能使演示文稿达到更好的表达效果。选择要添加声音文件的幻灯片,在"插入"功能区的"媒体"选项中单击"音频"按钮,如图 5 – 35 所示,并在弹出的下拉菜单中选择"文件中的音频",打开"插入音频"对话框,选择相应的声音文件,如图 5 – 36 所示。

图 5 – 35　插入音频

图 5 – 36　"插入音频"对话框

完成插入音频后，返回幻灯片编辑区可以看到刚刚添加的声音文件，幻灯片上会出现一个声音图标（小喇叭），如图5－37所示。

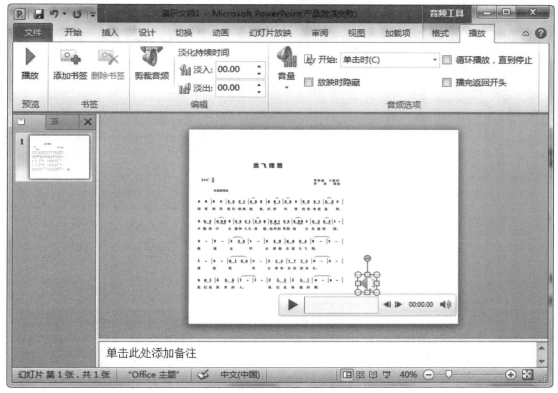

图5－37　将音频插入幻灯片中

当幻灯片中出现小喇叭声音图标时，系统会自动显示"音频工具"功能区，它主要包括"格式"和"播放"选项卡，在"播放"选项卡中可对音频的播放进行设置，如图5－38所示。

图5－38　"音频工具"功能区

二、插入剪辑管理器中的声音

PowerPoint 2010中自带了一个媒体剪辑管理库，提供声音内容，在编辑演示文稿时，用户可以为幻灯片插入剪辑管理器中的声音文件，以增强演示文稿的演示效果。在"插入"菜单的"媒体"选项中，单击"音频"下拉按钮，选择"剪贴画音频"选项，在其中会列出安装的自带声音文件，也可以在其中搜索声音文件。单击声音文件图标，可将其插入幻灯

計算机应用基础

片中，如图 5 – 39 所示。

图 5 – 39　插入剪辑管理器中的声音

三、插入录制声音

用户有时需要添加自己录制的声音，PowerPoint 2010 提供了这样的录音功能。

PowerPoint 2010 演示文稿需要添加录音幻灯片时，在"插入"菜单的"媒体"选项中，单击"音频"下拉按钮，选择"录制音频"选项，打开"录音"对话框，如图 5 – 40 所示。

在"名称"文本框中可以输入声音的名称，单击"录制"按钮 ● ，开始录制话筒的声音。录制

图 5 – 40　"录音"对话框

完成后，单击"停止"按钮 ■ ，停止声音的录制。单击"播放"按钮 ▶ 能够试听录制声音的效果。如果对录音效果不满意，可以单击"取消"按钮关闭对话框，再重复上述过程重新录音。录制完成后，单击"确定"按钮关闭对话框，在幻灯片中可以看到小喇叭声音图标。

四、在幻灯片中插入视频

PowerPoint 2010 支持 AVI、WMV、SWF 等常见格式的视频文件，能够方便地向幻灯片

中添加视频，丰富了演示文稿的内容。

选择要添加视频的幻灯片，在"插入"菜单的"媒体"选项中单击"视频"按钮，并在弹出的下拉菜单中选择"文件中的视频"，打开"插入视频文件"对话框，选择相应的视频文件，单击"插入"按钮。

返回幻灯片编辑状态即可显示添加的视频，如图 5 – 41 所示，拖动并调整其位置和大小到合适的状态，当单击插入影片下方的"播放"按钮时，插入的影片即可在幻灯片中播放。

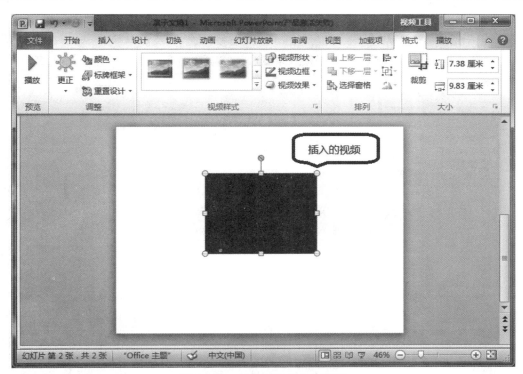

图 5 – 41　插入幻灯片中的视频

5.5　设计与美化幻灯片

要制作精美的 PowerPoint 演示文稿，首先要设计好幻灯片的外观，本节主要介绍为幻灯片添加主题、设置幻灯片背景、设置与美化母版的方法。通过本节的学习，可以掌握幻灯片的预设功能和母版的应用基础知识，为深入学习 PowerPoint 2010 奠定基础。

5.5.1　演示文稿的主题

在 PowerPoint 中可以利用演示文稿的主题快速地美化幻灯片，从而简化设计的操作过程。从幻灯片的设计而言，主题提供了演示文稿的外观，它将设计背景、占位符版式、颜色、字体等应用于幻灯片和幻灯片元素，而 PowerPoint 2010 主题不但造型精美，并且颜色搭配非常合理，灵活地使用主题可以快速制作出具有专业品质的演示文稿。

一、选择主题

在 PowerPoint 2010 中提供了许多的主题，用户可以根据自己的需求选择主题。在启动 PowerPoint 2010 后，单击"设计"菜单，在"主题"组件中可以看到一个主题列表框，其中提供了若干个主题的缩略图，下拉滚动条可以看到全部主题的缩略图。当用鼠标指向某个主题时，可以显示出主题的名称，如图 5 – 42 所示。

图 5 – 42　选择主题

当单击主题缩略图时，该主题会在当前幻灯片中显示，用户可以看到主题的效果，如果不喜欢该主题，可以换成自己喜欢的主题。

二、设置主题

如果用户不喜欢系统内置的设计，可以对主题进行自定义，如更改主题的颜色、更改主题的字体效果及背景样式等，如图 5 – 43 所示。

5.5.2　幻灯片背景设置

背景是应用于整个幻灯片的颜色、纹理、图案或图片的统称。其他一切内容都位于背景之上，背景应用于幻灯片的整个表面，不可以使用局部背景，但可以使用覆盖在背景之上的背景图形。实际上，所有的演示文稿都有背景，但是默认背景是白色的，因此，看起来似乎没有背景，需要更改背景。

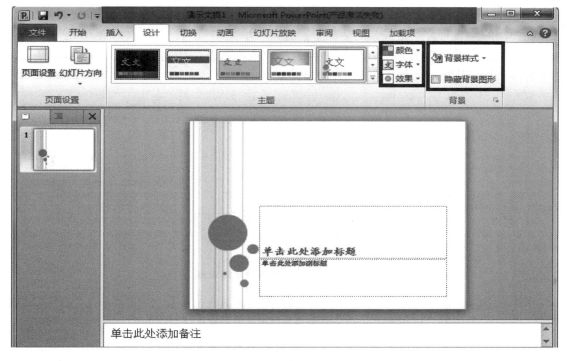

图 5-43　设置主题

单击"设计"菜单，在"背景"选项中单击"对话框启动器"按钮，弹出"设置背景格式"对话框，可以将背景设置成纯色填充、图片等，如图 5-44 所示。

图 5-44　"设置背景格式"对话框

1. 应用纯色填充

在弹出的"设置背景格式"对话框中，选择"填充"选项，选择"纯色填充"单选按钮，单击"颜色"下拉按钮，在展开的列表框中选择准备应用的纯色，如图 5 – 45 所示，设置好颜色后，单击"全部应用"按钮，单击"关闭"按钮。

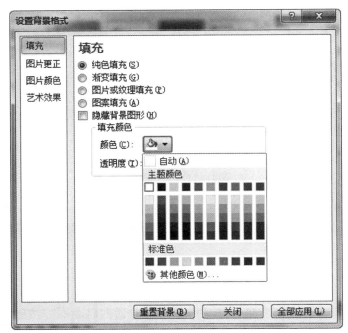

图 5 – 45　设置纯色背景

2. 应用渐变填充

在弹出的"设置背景格式"对话框中，选择"填充"选项，选择"渐变填充"单选按钮，单击"预设颜色"下拉按钮，在展开的列表框中选择准备应用的预设颜色，如选择"心如止水"选项，再单击"全部应用"按钮，单击"关闭"按钮，如图 5 – 46 所示。

3. 设置图片背景

在弹出的"设置背景格式"对话框中，选择"填充"选项，选择"图片或纹理填充"单选按钮，单击"文件"按钮，在弹出的"插入图片"对话框中选择图片并插入。返回"设置背景格式"对话框，单击"全部应用"按钮，再单击"关闭"按钮，如图 5 – 47 所示。

4. 设置图案填充

在弹出的"设置背景格式"对话框中，选择"填充"选项，选择"图案填充"按钮，在展开的列表框中选择准备应用的图案，图案颜色分为前景色和背景色，用户根据自己的需要选择背景及颜色，单击"全部应用"按钮，单击"关闭"按钮，如图 5 – 48 所示。

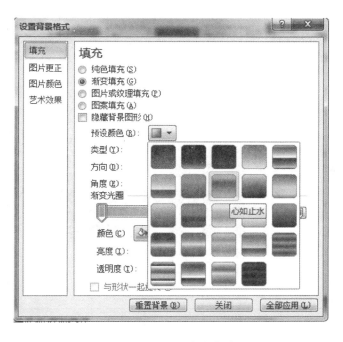

图 5 – 46　设置渐变背景

图 5 – 47　设置图片背景

图 5 - 48　设置图案填充

5.5.3　母版设置

幻灯片母版是存储模板信息的设计模板，它用于设置幻灯片的样式，可提供各种标题文字、背景、属性等。使用幻灯片母版可以统一幻灯片的呈现风格，有一致美感。母版通常包括幻灯片母版、标题母版、讲义母版、备注母版 4 种形式，每个演示文稿的每个关键组件（幻灯片、标题幻灯片、演讲者备注和听众讲义）都有一个母版。

一、认识母版

幻灯片母版是模板的一部分，在 PowerPoint 2010 中提供了多种多样的母版。母版中主要有标题占位符、幻灯片区、显示项目符号、日期区、页脚区、数字区等，如图 5 - 49 所示。

二、编辑母版

1. 插入母版

打开 PowerPoint 2010 演示文稿，单击"视图"→"幻灯片母版"，就会出现"母版视图"，单击"幻灯片母版"，在幻灯片编辑区中就可以看到插入的母版了，图5 - 49所示就是已经插入了母版的幻灯片。

2. 删除母版

对于已经插入的母版，不需要时可以将其删除。首先选择准备删除的母版，选择"幻

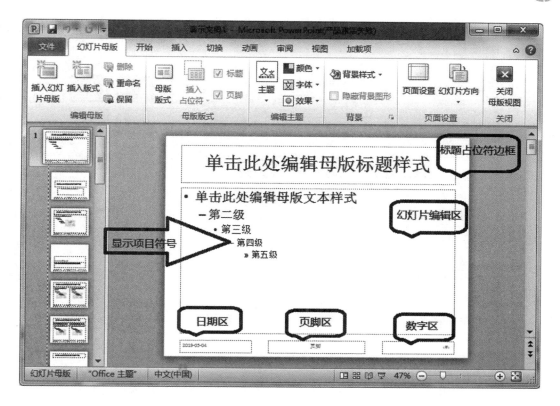

图 5-49 认识母版

灯片母版"选项卡，在"编辑母版"组件中单击"删除幻灯片"按钮，即可删除母版。

在幻灯片缩略图中，选择准备删除的幻灯片母版，按下 Delete 键也可以删除幻灯片母版。

3. 重命名母版

为了分辨不同的母版或者版式，需要对其进行重命名。选中需要重命名的母版，右击，在弹出的下拉菜单中选择"重命名母版"，在弹出的"重命名版式"对话框中输入版式名称，单击"重命名"按钮，如图 5-50所示。返回到幻灯片母版视图，将鼠标移动到刚刚重命名的幻灯片上，即可看到母版的新名称。

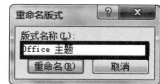

图 5-50 重命名母版

三、美化母版

在幻灯片中插入母版后，可以对母版进行美化，如设置母版背景、文本、项目符号和编号、页脚等，可以根据自己的需要进行相应项目的设计。

1. 设置背景样式

打开 PowerPoint 2010 演示文稿，选择准备设置背景的幻灯片母版。选择"幻灯片母版"选项卡，在"背景"组件中单击"背景样式"下拉菜单按钮，在展开的背景中选择相应的背景样式，如图 5-51 所示。

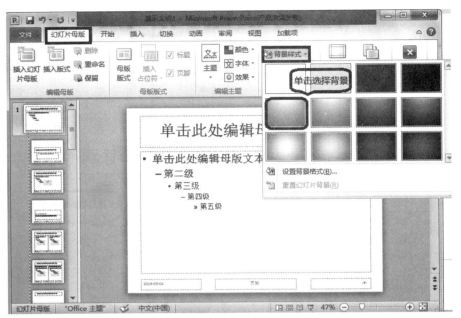

图 5 –51　设置母版背景

2. 设置母版文本

　　PowerPoint 2010 中内置了很多主题格式用于美化文本，用户可以根据需要进行选择。打开 PowerPoint 2010 演示文稿，选择准备设置文本的幻灯片母版。选择"幻灯片母版"选项卡，在"编辑主题"组中单击"主题"下拉按钮，在展开的所有主题格式列表中单击要应用的主题，则演示文稿中所有的文本都应用了该主题的格式，如图 5 –52 所示。

图 5 –52　设置母版文字

5.5.4　添加页眉页脚

在幻灯片中可以对页面的页眉页脚进行相应的设置。首先选择幻灯片，选择"插入"选项卡，在"文本"组中单击"页眉和页脚"，弹出"页眉和页脚"对话框，如图 5 – 53 所示，可以对时间和日期、幻灯片编号和页脚进行设置，单击"应用"按钮，返回到幻灯片中就可以看到页脚已经设置好了。

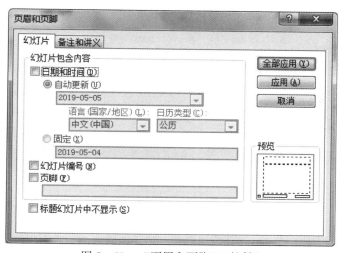

图 5 – 53　"页眉和页脚"对话框

5.6　幻灯片中的动画设置与交互控制

在播放 PowerPoint 演示文稿时，默认情况下幻灯片中的对象都是直接显示出来的，如果要丰富幻灯片的播放效果，可以设置对象显示时的动画效果。

5.6.1　为幻灯片添加切换效果

幻灯片的切换效果是指在幻灯片放映过程中连续两张幻灯片之间的过渡效果。在 Power-Point 2010 中，默认情况下幻灯片都是一张一张放映的，现在要为每张幻灯片的切换添加效果。

在"切换"功能区中，幻灯片的切换效果分为细微型、华丽型、动态内容 3 种类型，如图 5 – 54 所示。

选中准备设置切换效果的幻灯片，选择"切换"选项卡，在"切换到此幻灯片"组中单击"切换方案"，在展开的切换效果库中会显示所有的切换效果，如图 5 – 54 所示。选择所需的切换效果，当返回到幻灯片页面中时，就可以看到所设置的幻灯片的切换效果。

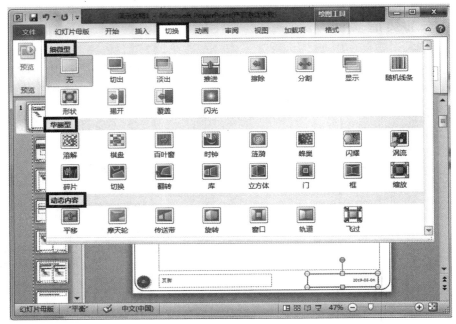

图 5 - 54　幻灯片切换效果

1. 设置切换声音

在幻灯片切换过程中，还可以为其添加声音，则在切换到下一张幻灯片时发出声音，以便提示。选择准备设置切换声音效果的幻灯片，选择"切换"选项卡，在"计时"组中单击"声音"下拉菜单，就会出现声音的效果库，如图 5 - 55 所示，根据需要选择合适的切换声音即可。

图 5 - 55　设置切换声音

2. 设置切换的持续时间

为幻灯片设置了切换效果后，有一个默认的切换时间，在编排的过程中，用户可以根据不同的要求改变幻灯片切换效果的持续时间。选中准备设置切换效果持续时间的幻灯片，选择"切换"选项卡，在"计时"组中的"持续时间"中根据需要调整幻灯片的切换速度，如图 5 - 56 所示。

图 5 - 56　设置切换时间

3. 修改切换的效果

在 PowerPoint 2010 中设置了许多切换效果，有一些切换效果提供了效果选项，可以对其进行修改。选择需要修改效果的幻灯片，选择"切换"选项卡，在"切换到此幻灯片"组中单击"效果选项"，在展开的幻灯片效果选项库中会出现效果选项，根据需要选择即可，如图 5 - 57 所示。

图 5 - 57　设置切换的效果选项

5.6.2 为幻灯片上的对象添加动画效果

为幻灯片上的每个元素添加动画，可以增强幻灯片的演示效果，可以将幻灯片中的标题、文本、图片、表格等对象以动态的形式进行播放。

一、添加动画效果

为某个对象添加动画效果时，首先要选择对象，选择"动画"选项卡，在"动画"组中单击"动画样式"按钮，在展开的"动画样式"列表框中将会显示全部预设的动画方案，如图 5 – 58 所示。

图 5 – 58   为对象添加动画效果

在展开的动画样式列表中选择合适的动画效果。动画效果主要有进入效果、强调效果、退出效果和其他动作路径。在制作幻灯片过程中，当一个对象需要从外部进入幻灯片时，选择"进入"菜单下的效果；如果进入的效果没有需要的，可选择"更多进入效果"，弹出如图 5 – 59 所示对话框，单击动画效果，单击"确定"按钮。

在添加动画效果过程中，可以用"强调动画"对需要强调的对象进行设置，让该对象比其他对象更加醒目。设置方法与设置进入效果的相同。

如果希望某个对象在演示过程中退出幻灯片，可以通过设置"退出动画"效果来实现，设置方法与设置进入效果的相同。

知识链接

　　如果对系统内置的动作路径不满意，可以选择自定义路径。选择需要设置动画的对象，选择"其他动作路径"。"其他动作路径"对话框中有基本、直线和曲线、特殊3种类别路径，如图5-60所示。选择需要的路径类型，返回到幻灯片编辑区，鼠标变成十字形状，根据需要在工作区绘制路径。

图5-59　设置进入效果

图5-60　设置动作路径

二、编辑动画效果

　　为对象设置完动画效果后，可以在"动画窗格"中看到已经添加的动画效果，同时，在"计时"组中可以设置动画效果从什么时候开始播放、播放的时间为几秒，以及对设置的动画的先后顺序进行排列等，如图5-61所示。

　　当需要对某个动画进行设置时，选择该动画，右击，会弹出一个动画设置对话框，如图5-62所示，可根据需要对动画进行设置。

计算机应用基础

图 5-61   编辑动画效果

图 5-62   动画设置

204

实训：制作一个演示文稿——勇敢的跳伞者

实训目标

- ⊙能够创建一个演示文稿
- ⊙能为新创建的演示文稿添加幻灯片
- ⊙能够对幻灯片进行相应的设置
- ⊙能为幻灯片中的对象添加动画效果

实施步骤

步骤1：在桌面上右击，新建 PowerPoint 演示文稿，并重命名为"勇敢的跳伞者"。

步骤2：在第一张幻灯片中为演示文稿添加标题和作者，并在第一张幻灯片后插入一张空白幻灯片，如图 5-63 所示。

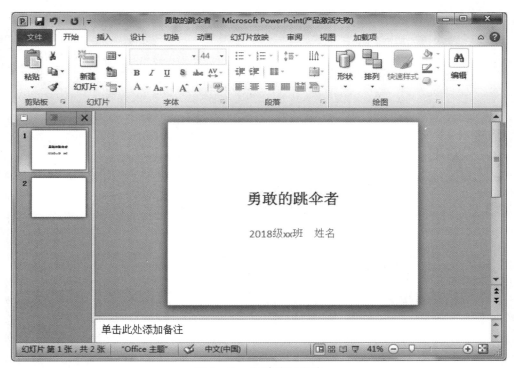

图 5-63 新建演示文稿

步骤3：为新建的演示文稿添加"气流"主题，如图 5-64 所示。

步骤4：在第二张幻灯片中插入一张飞机图片，并为该图片添加一个从左到右的动作路径，如图 5-65 所示。

步骤5：在第二张幻灯片中添加"跳伞者"和"跳伞"图片，将图片设置为透明色，并为其设置动画效果，同时也为飞机再添加一个动画效果，如图 5-66 所示。

图 5 – 64　添加主题

图 5 – 65　插入图片并设置动画效果

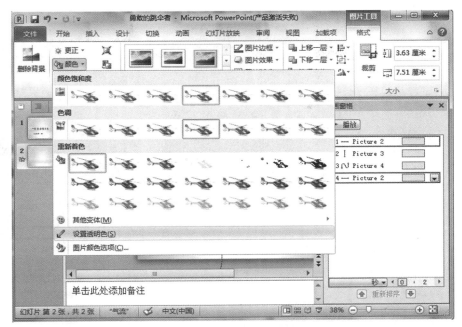

图 5–66　设置图片和动画效果

步骤6：当飞机飞过天空后，将会停下来，让跳伞者跳下来，因此将跳伞者的动画设置为"从上一项之后开始"播放，如图 5–67 所示。

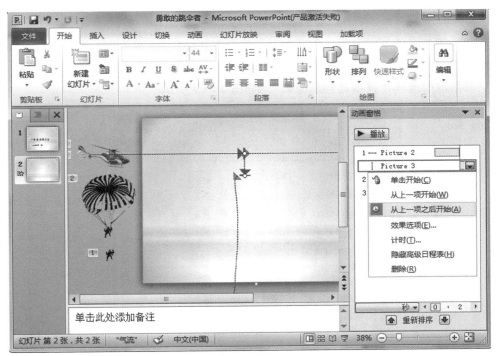

图 5–67　设置飞机动画播放时间

步骤7：当跳伞者跳下一小段距离后，跳伞者撑开降落伞，将降落伞的播放时间设置为"从上一项之后开始"，此时飞机将同时继续飞过，将飞机的播放时间设置为"从上一项开

计算机应用基础

始"，如图 5 - 68 所示。

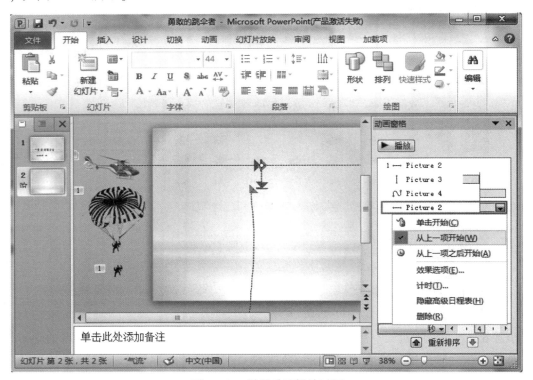

图 5 - 68　设置动画播放时间

步骤 8：跳伞者跳下一段距离撑开伞后，跳伞者还会留在幻灯片中，因此将此动画设置为"播放后隐藏"，选择该动画效果，右击，在弹出的下拉菜单中选择"效果"选项卡，在"向下"对话框中选择"播放动画后隐藏"，如图 5 - 69 所示。

图 5 - 69　设置动画播放效果

步骤9：演示文稿制作完成后，单击"预览"按钮查看播放效果，播放顺序不合理时，根据动画窗格进行调整，尤其是时间轴，如图5-70所示。

5.6.3 演示文稿中的交互控制

交互性是多媒体课件的基本属性，它在多媒体课件制作中起着重要作用。PowerPoint 课件中交互功能的实现方法有动作按钮、超链接、触发器等，这里简单介绍使用动作按钮和超链接进行交互的制作。

一个课件的标准结构有封面、扉页、目录、内容、说明、封底。目录可以作为一个交互导航，它实现的功能是：用户在演示过程中，单击目录上的模块链接就可

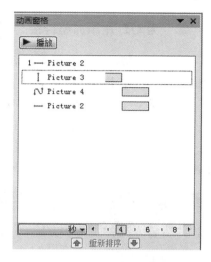

图5-70 动画播放时间轴

以进入相关的内容，在演示完成后，又可以回到目录，整个功能通过动作按钮和超链接来实现。下面以"我的大学"演示文稿来实现演示文稿的交互控制，为了方便操作，提供一个制作了一部分内容的演示文稿，下面在这个演示文稿内容的基础上进行操作。

一、打开演示文稿

在 PowerPoint 2010 中打开"我的大学.pptx"演示文稿，演示文稿里面包括封面、目录、内容、说明、封底。共 16 张幻灯片，第一张幻灯片为封面，第二张幻灯片为目录，最后一张幻灯片为封底，其余幻灯片皆为内容，如图5-71所示。

图5-71 "我的大学"效果图

二、为幻灯片添加超链接

在演示文稿的第二张目录幻灯片中共有 5 个内容，分别为这 5 个内容添加超链接，当播放幻灯片时，单击相应的文字可以分别跳转到相关模块的幻灯片。具体操作如下：

选中文字"学校简介"文本框，在"插入"选项卡"连接"组中单击"超链接"按钮，在弹出的"插入超链接"对话框的"链接到"区域中选择"本文档中的位置"选项，在"请选择文档中的位置"区域中选择要链接到的幻灯片，比如选择"幻灯片 4"选项，单击"确定"按钮，如图 5 – 72 所示。

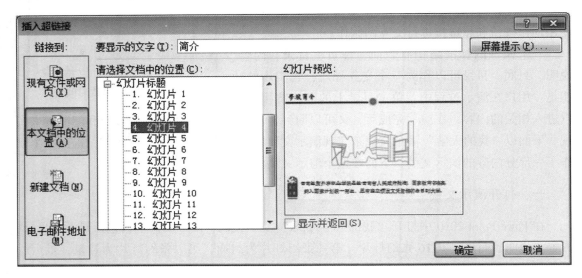

图 5 – 72　插入超链接

返回幻灯片编辑窗口，可以看到为选择的对象设置了超链接，该对象下面添加了一条横线，如图 5 – 73 所示。在启动幻灯片放映时，移动鼠标的指针至超链接的对象上，鼠标指针变成手形，单击该对象即可切换到目标幻灯片。其他对象的超链接按照以上步骤操作即可。

图 5 – 73　已插入超链接的对象

三、使用动作按钮返回导航界面

通过前面的操作步骤，实现了主控导航界面上的5个模块的超链接功能。播放幻灯片时，单击文本会立即跳转到相应的课件功能模块。为了更好地控制演示文稿的播放，还要使演示文稿具备返回导航界面的功能，也就是在相应的演示文稿功能模块中添加返回到导航的超链接。

下面以"学校简介"模块为例来实现返回导航界面的功能。在第5张幻灯片的右下角添加一个动作按钮，单击这个动作按钮时，将返回导航界面，如图5－74所示。

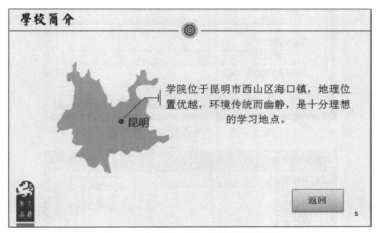

图5－74　添加动作按钮的效果图

1. 插入动作按钮

（1）选择第5张幻灯片，并为此张幻灯片添加返回按钮。选择"插入"选项卡，在"插图"组中单击"形状"下拉菜单，在弹出的下拉菜单的"动作按钮"中选择最后一个按钮（自定义按钮），如图5－75所示。

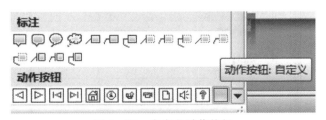

图5－75　自定义动作按钮

（2）选择自定义按钮后，返回幻灯片编辑区，单击并拖动鼠标来绘制动作按钮。绘制完成后会弹出"动作设置"对话框，如图5－76所示。

（3）选择"单击鼠标"选项卡，选中"超链接到"单选按钮，单击下拉列表菜单，在弹出的下拉列表菜单中选择准备链接到的幻灯片5，单击"确定"按钮，如图5－77所示。

（4）单击"确定"按钮后返回到"动作设置"对话框，此时"超链接到"按钮下面就会显示"幻灯片5"，如图5－78所示，单击"确定"按钮即可。

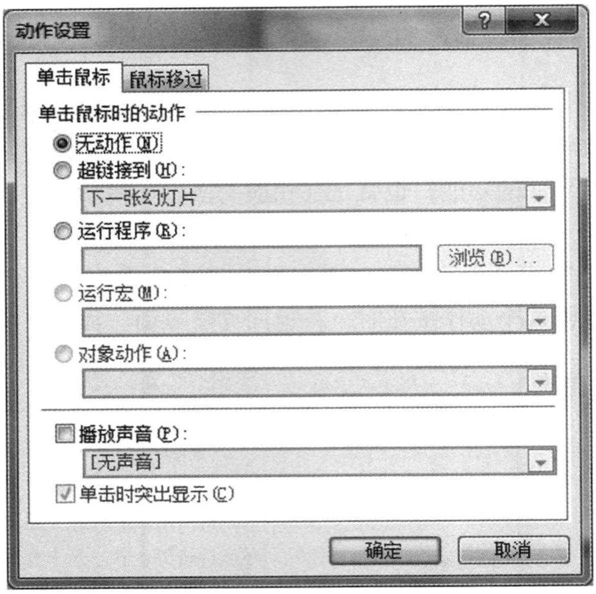

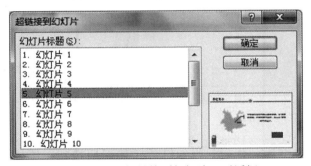

图 5 – 76   "动作设置"对话框

图 5 – 77   "超链接到幻灯片"对话框

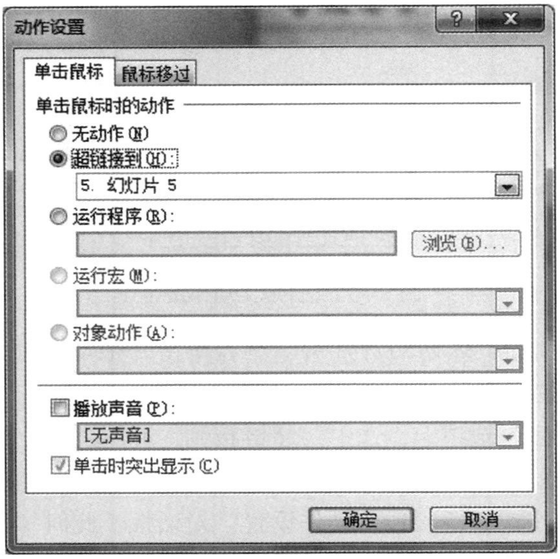

图 5 – 78   显示"幻灯片 5"

2．编辑动作按钮

（1）在动作按钮中添加文字。

为刚刚添加的自定义动作按钮添加文字"返回"，右击动作按钮，在弹出的快捷菜单中选择"编辑文字"，如图 5 - 79 所示。鼠标指针变成闪烁光标时，可在按钮中输入文字"返回"，返回到幻灯片编辑区即可看到添加了文字的按钮。

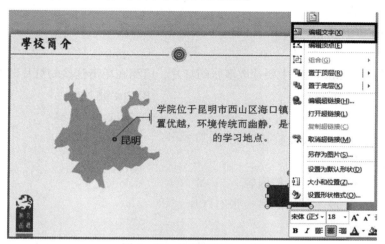

图 5 - 79　为按钮添加文字

（2）更改动作按钮外观。

右击动作按钮，在弹出的快捷菜单中选择"设置形状格式"选项，弹出"设置形状格式"对话框，根据色彩搭配设置即可，如图 5 - 80 所示。

图 5 - 80　设置动作按钮外观

制作其他动作按钮的方法与"学校简介"模块的相同，可以按照前面介绍的方法进行制作。

习题与实训

一、单项选择题

1. PowerPoint 2010 演示文稿的文件扩展名为（　　）。

A．.doc B．.txt C．.pptx D．.xlsx

2．如果在幻灯片浏览视图中要选取多张幻灯片，应当在单击这些幻灯片时按住（　　）。

A. Shift 键 B. Ctrl 键

C. Alt 键 D. Shift 和 Alt 键

3．幻灯片放映时的"超级链接"功能是指（　　）。

A．用浏览器观察某个网站

B．用相应软件显示其他文档内容

C．放映其他文稿或本文稿的另一张幻灯片

D．以上三个都可能

4．"幻灯片放映"菜单中的"幻灯片切换"命令项不能设定放映时（　　）。

A．一张幻灯片以什么方式显现出来

B．幻灯片内各个对象以什么方式显现出来

C．前后两张幻灯片是由单击鼠标转换还是按指定时间自动转换

D．前后两张幻灯片转换时是否伴随声音

5. PowerPoint 演示文稿在放映时能呈现多种效果，这些效果（　　）。

A．完全由放映的具体操作决定 B．需要在编辑时设定相应的放映属性

C．与演示文稿本身无关 D．由系统决定，无法改变

6．在 PowerPoint 2010 中，若为幻灯片中的对象设置"飞入"效果，应选择（　　）模块。

A．进入 B．强调 C．退出 D．自定义路径

7．在 PowerPoint 2000 中，为了在切换幻灯片时添加声音，可以使用（　　）菜单的"幻灯片切换"命令。

A．幻灯片放映 B．设计 C．插入 D．切换

8．在 PowerPoint 中，"开始"下拉菜单中的（　　）命令可以用来改变某一幻灯片的布局。

A．背景 B．版式 C．重设 D．字体

9．演示文稿的基本组成单元是（　　）。

A．文本 B．图形 C．超链点 D．幻灯片

10．在制作 PowerPoint 多媒体课件时，可以在（　　）选项卡设置幻灯片的切换效果。

A．插入 B．切换

C．设计 D．幻灯片放映

11. 在 PowerPoint 2010 的"幻灯片"窗格中选定某张幻灯片，执行"新建幻灯片"操作，则（　　）。

A. 在所有幻灯片之前新建一张新幻灯片

B. 在所有幻灯片之后新建一张新幻灯片

C. 在选定幻灯片之前新建一张新幻灯片

D. 在选定幻灯片之后新建一张新幻灯片

12. 为某个对象添加了"百叶窗"动画效果后，不能在"自定义"任务窗格中直接修改的是（　　）。

A. 动画开始的方式　　　　　　　　　B. 动画效果的方向

C. 动画效果的速度　　　　　　　　　D. 动画开始的延迟时间

13. 在 PowerPoint 2010 中，"自定义动画"是指（　　）。

A. 设置幻灯片放映时间　　　　　　　B. 插入 Flash 动画

C. 为幻灯片中的对象添加动画效果　　D. 设置换幻灯片的放映方式

14. 在 PowerPoint 2010 中，将幻灯片设置为"标题幻灯片"操作是在 PowerPoint 窗口的（　　）区域。

A. 幻灯片区　　　　B. 状态栏　　　　C. 大纲区　　　　D. 备注区

15. 对于 PowerPoint 2010 而言，演示文稿、幻灯片、对象之间的关系是（　　）。

A. 演示文稿就是幻灯片，幻灯片包含对象

B. 三者描述的是同一内容

C. 演示文稿由幻灯片构成，幻灯片包含对象

D. 演示文稿由对象构成，对象包含幻灯片

二、填空题

1. 在_____功能区中，单击"文本框"图标可以进行文本框的插入操作。

2. 在 PowerPoint 2010 中，如果想要在幻灯片上插入知识结构图，可以在功能区中单击_____按钮，然后进行相应的操作。

3. 当需要删除已建立的超链接时，应在已经添加了超链接的对象上右击，在弹出的快捷菜单中选择_____命令。

4. PowerPoint 2010 的默认扩展名是_____。

5. 要在 PowerPoint 2010 中设置幻灯片动画，应在_____选项卡中进行操作。

6. 在 PowerPoint 2010 中对幻灯片进行主题设置时，应在_____选项卡中操作。

7. 如要终止幻灯片的放映，可直接按_____键。

三、操作题

以"我的大学"为题制作一个不少于 15 张的幻灯片，要求：

1. 该课件有标题、导航页面、结束语并添加超链接；

2. 图文并茂；

3. 每张幻灯片之间都有切换效果、每个元素之间有动画效果；

4. 每张幻灯片中的文字合理，色彩搭配美观。

第6章

网络基础与应用

自20世纪90年代以来，以因特网为代表的计算机网络得到了飞速的发展，已从最初的教育科研网络逐步发展为商业网络，并且随着计算机网络及通信技术的进步，已经进入了万物互联的云时代，人们的生活、工作、学习和交往都已经与因特网密不可分。

作为学生，掌握计算机网络的相关知识并熟练使用网络已经成为必不可少的基本技能。

6.1 网络基础概述

一、计算机网络的基本概念

计算机网络是指将地理位置不同的具有独立功能的多台计算机及其外部设备通过通信线路连接起来，在网络操作系统、网络管理软件及网络通信协议的管理和协调下，实现资源共享和信息传递的计算机系统。

计算机网络也称为计算机通信网。关于计算机网络的最简单定义是：一些相互连接的、以共享资源为目的的、自治的计算机的集合。若按此定义，则早期的面向终端的网络都不能算是计算机网络，而只能称为联机系统（因为那时许多的终端不能算是自治的计算机）。但随着硬件价格下降，许多终端都具有一定的智能，因而"终端"和"自治的计算机"逐渐失去了严格的界限。若将微型计算机作为终端使用，按上述定义，则早期的那种面向终端的网络也可称为计算机网络。

另外，从逻辑功能上看，计算机网络是以传输信息为基础目的，用通信线路将多个计算机连接起来的计算机系统的集合。一个计算机网络由传输介质和通信设备组成。

从用户角度来看，计算机网络由资源子网和通信子网组成。由计算机网络调用完成所有用户的资源，而整个网络像一个大的计算机系统一样，对用户是透明的。

一个比较通用的定义是：利用通信线路将地理上分散的、具有独立功能的计算机系统和通信设备按不同的形式连接起来，以功能完善的网络软件及协议实现资源共享和信息传递的系统。

从整体来说，计算机网络就是把分布在不同地理区域的计算机与专门的外部设备用通信线路互联成一个规模大、功能强的系统，从而使众多的计算机可以方便地互相传递信息，共享硬件、软件、数据信息等资源。简单来说，计算机网络就是由通信线路互相连接的许多自主工作的计算机构成的集合体。

最简单的计算机网络只有两台计算机和连接它们的一条链路，即两个节点和一条链路。

二、计算机网络的分类

虽然网络类型的划分标准各种各样，但是从地理范围划分是一种大家都认可的通用网络划分标准。按这种标准可以把网络划分为局域网、城域网、广域网和互联网4种。这里的网络划分并没有严格意义上地理范围的区分，只能是一个定性的概念。下面简要介绍这几种计算机网络。

1. 局域网（Local Area Network，LAN）

所谓局域网，就是在局部地区范围内的网络，它所覆盖的地区范围较小。这是最常见、应用最广的一种网络。局域网随着整个计算机网络技术的发展和提高而得到充分的应用和普及，几乎每个单位都有自己的局域网，甚至有的家庭中都有自己的小型局域网。局域网在计算机数量配置上没有太多的限制，少的可以只有两台，多的可达几百台。一般来说，在企业局域网中，工作站的数量在几十到两百台左右。在网络所覆盖的地理距离上是几米至10 km。局域网一般位于一个建筑物或一个单位内，不存在寻径问题，不包括网络层的应用。

这种网络的特点是：连接范围窄、用户数少、配置容易、连接速率高。IEEE 802 标准委员会定义了多种主要的 LAN 网：以太网（Ethernet）、令牌环网（Token Ring）、光纤分布式接口网络（FDDI）、异步传输模式网（ATM）及无线局域网（WLAN）。

2. 城域网（Metropolitan Area Network，MAN）

这种网络一般是在一个城市但不在同一地理小区范围内的计算机互联。其连接距离为10～100 km，它采用的是 IEEE 802.6 标准。MAN 与 LAN 相比，扩展的距离更大，连接的计算机数量更多，在地理范围上可以说是 LAN 网络的延伸。在一个大型城市或都市地区，一个 MAN 网络通常连接着多个 LAN 网，如连接政府机构的 LAN、医院的 LAN、电信的 LAN、公司企业的 LAN 等。由于光纤连接的引入，使 MAN 中高速的 LAN 互联成为可能。

城域网通常采用 ATM 传输技术。ATM 是一个用于数据、语音、视频及多媒体应用程序的高速网络传输方法。ATM 包括一个接口和一个协议，该协议能够在一个常规的传输信道上，在比特率不变及变化的通信量之间进行切换。ATM 也包括硬件、软件及与 ATM 协议标准一致的介质。ATM 提供一个可伸缩的主干基础设施，以便能够适应不同规模、速度及寻址技术的网络。ATM 的最大缺点就是成本太高，所以一般在政府城域网中应用，如邮政、银行、医院等。

3. 广域网（Wide Area Network，WAN）

这种网络也称为远程网，所覆盖的范围比城域网（MAN）的更广，它一般是不同城市之间的 LAN 或者 MAN 网络互联，地理范围可从几百千米到几千千米。因为距离较远，信息衰减比较严重，所以这种网络一般要租用专线，通过 IMP（接口信息处理）协议和线路连接起来，构成网状结构，解决寻径问题。这种城域网因为所连接的用户多，总出口带宽有限，所以用户的终端连接速率一般较低，通常为 56 Kb/s～155 Mb/s，如邮电部的 CHINANET、CHINAPAC 和 CHINADDN 网。

4. 无线网

无线网与移动通信经常是联系在一起的，但这两个概念并不完全相同。例如，当便携式计算机通过 PCMCIA 卡接入电话插口时，它就变成有线网的一部分。另外，有些通过无线网连接起来的计算机的位置可能又是固定不变的，如在不便于通过有线电缆连接的大楼之间就可以通过无线网将两栋大楼内的计算机连接在一起。

三、计算机网络的应用

1. 商业运用

（1）实现资源共享（resource sharing），最终打破地理位置束缚，主要运用客户－服务器模型（client－server model）。

（2）提供强大的通信媒介（communication medium）。如电子邮件（E－mail）、视频会议。

（3）电子商务活动。如各种不同供应商购买子系统，然后将这些部件组装起来。

（4）通过 Internet 与客户做各种交易。

2. 家庭运用

（1）访问远程信息。如浏览 Web 页面获得艺术、商务、烹饪、政府、健康、历史、爱好、娱乐、科学、运动、旅游等相关信息。

（2）个人之间的通信。如即时消息（instant messaging）（运用 QQ、MSN、YY）、聊天室、对等通信（peer－to－peer communication）（通过中心数据库共享，但是容易侵犯版权）。

（3）交互式娱乐。如视频点播、即时评论及参加活动（电视直播网络互动）、网络游戏。

（4）广义的电子商务。如以电子方式支付账单、管理银行账户、处理投资。

3. 移动用户

以无线网络为基础。

（1）可移动的计算机：笔记本计算机、PDA、手机。

（2）军事：一场战争不可能靠局域网设备通信。

（3）运货车队、出租车、快递专车等。

四、网络协议

网络协议是网络上所有设备（网络服务器、计算机及交换机、路由器、防火墙等）之间通信规则的集合，它规定了通信时信息必须采用的格式和这些格式的意义。大多数网络采用分层的体系结构，每一层都建立在它的下层之上，向它的上一层提供一定的服务，但把实现这一服务的细节对上一层加以屏蔽。一台设备上的第 n 层与另一台设备上的第 n 层进行通信的规则就是第 n 层协议。在网络的各层中存在着许多协议，接收方和发送方同层的协议必须一致，否则一方将无法识别另一方发出的信息。网络协议使网络上各种设备能够相互交换信息。常见的协议有 TCP/IP 协议、IPX/SPX 协议、NetBEUI 协议等。

ARPANET 成功的主要原因是它使用了 TCP/IP 标准网络协议。TCP/IP（Transmission Control Protocol/Internet Protocol，传输控制协议/互联网协议）是 Internet 采用的一种标准网络协议。它是由 ARPA 推出的一种网络体系结构和协议规范。随着 Internet 网的发展，TCP/IP也得到进一步的研究开发和推广应用，成为 Internet 网上的"通用语言"。

6.2 因特网（Internet）概述

起源于美国的因特网（Internet）目前已发展为世界上最大的国际性计算机互联网。通常所说的上网、使用的网络服务（例如微信、QQ、网页、网游等），其实就是在通过因特网使用互联网公司提供的服务。接下来简单了解一下因特网的基础知识。

一、因特网的发展历史

因特网的发展经历了三个阶段，这三个阶段在时间上并不是截然分开的，而是有部分重叠，这是因为因特网的发展和演进是逐渐发生的。

1. 第一阶段：从单个网络 ARPANET 向互联网发展的过程

美国国防部 1969 年创建的第一个分组交换网 ARPANET 最初只是一个单个的分组交换网，所有要连接在 ARPANET 上的主机都直接与最近的节点交换机相连。但到了 70 年代中期，人们已认识到不可能仅使用一个单独的网络来满足所有的通信问题，于是 ARPA 开始研究多种网络互联的技术，这就产生了互联网。这样的互联网是现在因特网的雏形。1983 年 TCP/ IP 协议成为 ARPANET 之后的标准协议，使所有使用 TCP/IP 协议的计算机都能利用互联网相互通信，因而人们把 1983 年作为因特网的诞生时间。1990 年 ARPANET 正式宣布关闭。

2. 第二阶段：建立三级结构的因特网

从 1985 年起，美国国家科学基金会（National Science Foundation，NSF）围绕 6 个大型计算机中心建设计算机网络及国家科学基金网 NSFNET。NSFNET 是一个三级计算机网络，分为主干网、地区网、校园网或企业网。这种三级计算机网络覆盖了全美国主要的大学和研究所，并且成为因特网中的主要组成部分。1991 年，NSF 和美国的其他政府机构开始认识到有必要扩大因特网的使用范围，不应仅限于大学和研究机构。世界上许多公司介入因特网，使网络上的通信量急剧增加，因特网的容量已满足不了需要，于是美国政府决定将因特网的主干网转交给私人公司来经营，并开始对接入因特网的单位收费。1992年英超网上的主机超过100万台，1993年因特网主干网的速率提高到了45 Mb/s。

3. 第三阶段：逐渐形成了多层次ISP结构的因特网，因特网走向普通大众

从1994年开始，由美国政府资助的NSFNET逐渐被若干个商用的因特网主干网替代，而政府机构不再负责因特网的运营，这样就出现了一个新的名词——因特网服务提供者（Internet Service Provider，ISP）。在许多情况下，因特网服务提供者ISP就是一个进行商业活动的公司，因此，ISP又常译为因特网服务提供商。ISP拥有从因特网管理机构申请到的多个IP地址，同时拥有通信线路及路由器等联网设备，因此任何机构和个人只要向ISP交纳规定的费用，就可以从ISP得到IP地址，并通过该ISP接入因特网。通常所说的上网就是指通过某个ISP接入因特网，因为ISP向连接到因特网的用户提供了IP地址。IP地址的管理机构不会把单个的IP地址分配给单个用户，而是把一批IP地址有偿分配给经审查合格的ISP。从以上所讲可以看出，现在的因特网不是某个单个组织所独有，而是全世界无数的ISP所共同拥有。例如我国的中国电信网、中国移动互联网和中国联通互联网等都是ISP。

二、中国互联网的发展和现状

1986年8月25日，瑞士日内瓦时间4点11分，北京时间11点11分，当时任高能物理所ALEPH组（ALEPH是在西欧核子中心高能电子对撞机LEP上进行高能物理实验的一个国际合作组，我国科学家参加了ALEPH组，高能物理所是该国际合作组的成员单位）组长的吴为民从北京发给ALEPH的领导——位于瑞士日内瓦西欧核子中心的诺贝尔奖获得者斯坦伯格（Jack Steinberger）的电子邮件（E-mail）是中国第一封国际电子邮件。

1994年4月，NCFC（The National Computing and Networking Facility of China，中国国家计算机与网络设施）率先与美国NSFNET直接互联，实现了中国与Internet全功能网络连接，标志着我国最早的国际互联网络的诞生。中国科技网是中国最早的国际互联网络。

1998年，CERNET研究者在中国首次搭建IPv6试验床。2006年，我国建成世界上最大的纯IPv6网络，中国互联网开始进入高速发展时期。

目前我国的互联网早已进入"互联网+"时代，并且互联网技术已处于世界先进水平。截至2018年12月，网民规模达8.29亿，手机网民规模达8.17亿，国际出口带宽为8 946 570 Mb/s，均位列世界第一位。

6.3　通过互联网获取信息

互联网的一个主要功能就是共享资源和信息。在当今时代，利用互联网来获取需要的资源、信息和素材，可以极大地提高工作和学习的效率，因此有必要了解和学习如何通过互联网来获取信息。

一、综合搜索

在互联网上搜索信息最直接的方式就是通过搜索引擎，对于中国用户来说，最著名的搜

索引擎莫过于百度搜索。除了百度搜索，还可以使用搜狗搜索、360 搜索、谷歌搜索等。下面介绍使用百度搜索来检索需要的信息的方法。

第一步，打开浏览器，在地址栏输入百度网址"www. baidu. com"，按下 Enter 键，进入百度首页。

第二步，在搜索文本框中输入要搜索的内容。

第三步，单击"百度一下"按钮。

图 6 - 1 所示为百度搜索引擎。

图 6 - 1 百度搜索

当搜索"云南经贸外事职业学院"时，出现如图 6 - 2 所示页面，可以单击某一链接去查看详细信息。

图 6 - 2 搜索信息

但这样搜索出来的信息量非常庞大，为了提高搜索的效率，应该从两个方面来提高搜索的精确度：输入更加精确的搜索内容；通过设置搜索的条件来对搜索的结果进行筛选。例如，要搜索云南经贸外事职业学院机电系在 2018 年的相关信息，可以在搜索框里直接输入"云南经贸外事职业学院机电系"，接着设置"搜索工具"，将搜索时间设定为 2018 年 1 月 1 日至 2018 年 12 月 31 日，如图 6 - 3 所示。

如果在搜索时明确地知道要搜索的资源是什么类型的，也可以直接在搜索框中输入搜索的类型，或者选择搜索的类型。图 6 - 4 所示为根据类型进行搜索。

图 6-3　更精确的搜索

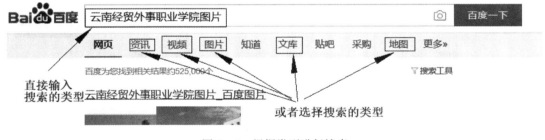

图 6-4　根据类型进行搜索

二、垂直搜索

前面介绍的搜索方式是一种综合搜索的方式，综合搜索的优点是能最大范围地搜索到符合搜索内容的所有信息，不会有遗漏，但这样也大幅增加了筛选信息的难度，效率不高。如果要搜索的内容比较具体和清晰，那么应该使用垂直搜索。通常来说，除非想要搜索的内容极其模糊，否则都应该使用垂直搜索。

垂直搜索用得很多，例如，电视剧、电影一般会直接在腾讯视频、爱奇艺、优酷、B 站等视频网站搜索；图片会在百度图片中搜索；火车时刻表会在 12306 网站中搜索。垂直搜索就是只搜索某一特定类型、某一特定领域的信息，或者具有某种特征的信息。

接下来了解几类信息的垂直搜索。

1. 电子书的搜索

通过读书获取系统性的知识在这个知识碎片化的时代尤为重要，但是借书麻烦，买书太贵，因此，应该学会搜索优质的免费电子书。

在校的学生搜索电子书，首选学校图书馆的数据库，多数学校图书馆都购买了电子书数据库，如超星、京东读书等，图书馆网站上都有链接和操作说明。一般这些数据库都提供App，可以直接通过互联网访问进行搜索和借阅。

除此之外，也可以在免费电子书网站上搜索，下面介绍几个免费的电子书网站。

第一个是古腾堡，如图6-5所示，一个全球知名的免费电子书平台。不过古腾堡是英文网站，主要用来搜索外文电子书。

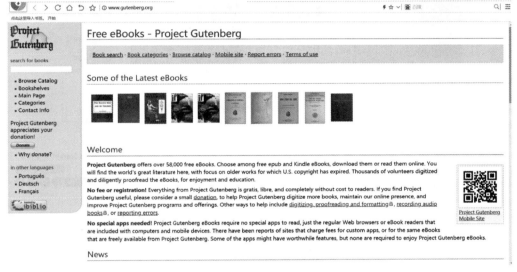

图6-5　古腾堡主页

第二个是世界数字图书馆（https://www.wdl.org），不仅可以查电子书，还可以查珍贵的地图、手抄本、影片、照片等，完全免费。图6-6所示为数字媒体图书馆。

第三个是查中文电子书的神器——鸠摩搜索（https://www.jiumodiary.com），如图6-7所示。

在浏览器中输入网址，进入网站主页，在搜索框内输入搜索内容进行搜索即可。

2. 网盘搜索

目前网上进行资源分享的主要方式是云盘。实际上，别人把资源放在云盘中，就相当于经过了一次人工筛选和整理，而把云盘中的东西公开分享出来，又是一次筛选。云盘中公开分享的资源质量相对比较高，并且云盘中的资源下载一般比较稳定，存入云盘并公开分享的资源类型非常丰富，所以云盘中的资源值得关注，因此很有必要学会另外一种垂直搜索方式——网盘搜索。

图 6-6　世界数字图书馆

图 6-7　鸠摩搜索主页

　　网盘搜索有很多种，比如小白盘、盘收、凌风云搜索、盘多多等，功能大同小异。以盘多多（http://www.panduoduo.net）为例，如图 6-8 所示。

　　在浏览器地址栏输入盘多多的网址，在搜索栏输入"反法西斯战争胜利 70 周年阅兵"，部分结果如图 6-9 所示。

　　同时，可以对网盘搜索的结果进行再次筛选，如图 6-10 所示，可以根据自己的需要进行设置。

| ① 不安全 | www.panduoduo.net | ⚡ ☆ ∨ | 🔲 百度 |

盘多多 _panduoduo.net_ 我们不生产资源，只做资源的搬运工。找资源，上盘多多!

首页　　　百度云盘　　微盘　　　其它　　　视频　　　文档　　　音乐　　　图片　　　软件　　　专辑

公告：微信版上线啦！！！可以直接在微信上搜索海量的网盘资源！详情点击进入

盘多多

| 反法西斯战争胜利70周年阅兵 | 找资源 | ☐ 关闭搜索提示 |

我的搜索历史：反法西斯战争胜利70周年阅兵　建国70周年海军阅兵　清空搜索历史

盘多多已收录**3566万**个资源 | **572万**位分享达人，今日已更新**7260**个资源

点击收藏起来，方便下次访问：　　　　　　🌟 🔴 Ｐ 🐾 📺 🏷 人 🍀 豆 🗐 ➕ 5981

图 6 – 8　网盘搜索

盘多多 | 反法西斯战争胜利70周年阅兵 | 找资源 ■ 关闭搜索提示

盘多多为您找到 **反法西斯战争胜利70周年阅兵** 相关的网盘资源 **69** 条

纪念中国人民抗日战争暨世界反法西斯战争胜利70周年阅兵——9·3大阅兵（西元2015-09-03）
🐾 - - - 目录 · 其它 · 32次访问 · 2016-02-22发布 · 几语才的主页

中国抗日战争暨世界反法西斯战争胜利70周年阅兵
🐾 - - - 目录 · 其它 · 76次访问 · 2016-01-30发布 · 凉风煮雨的主页

中国抗日战争暨世界反法西斯战争胜利70周年阅兵.解说版
🐾 - - - 目录 · 其它 · 5次访问 · 2015-11-12发布 · 傅浩芸的主页

中国抗日战争暨世界反法西斯战争胜利70周年阅兵20151080P.mp4
🐾 7 GB 视频 · 15次访问 · 2015-10-16发布 · 金点影视传媒的主页

中国抗日战争暨世界反法西斯战争胜利70周年阅兵.mp4
🐾 3 GB 视频 · 8次访问 · 2015-10-16发布 · 金点影视传媒的主页

中国抗日战争暨世界反法西斯战争胜利70周年阅兵
🐾 - - - 目录 · 其它 · 323次访问 · 2015-10-09发布 · 资源哥的日常的主页

图 6 – 9　网盘搜索结果

图 6 – 10　设置网盘搜索的条件

3. 搜索微信/知乎

微信公众号中的文章一般实用性较强，知乎中一个问题有很多人深度回答，内容质量比较高，比如想知道有哪些好用的网盘搜索，在微信或知乎中搜索比较靠谱。微信内置搜索，但必须在手机上进行，如果要在电脑上搜索微信和知乎，推荐使用搜狗搜索引擎。搜狗搜索引擎自带搜狗搜微信和搜狗搜知乎的功能。

登录搜狗搜索引擎首页，在左上角选择"微信"或者"知乎"，系统就会跳转到搜狗搜微信或搜狗搜知乎的界面。在搜索栏中输入要搜索的内容，按 Enter 键后会找到来自微信公众平台或者知乎的大量相关文章，如图 6 – 11 和图 6 – 12 所示。

图 6 – 11　搜狗搜索

图 6 – 12　在搜狗搜微信中搜索舞蹈教程

4. 数据搜索

数据搜索是为了解决问题，人们的工作、学习和生活都离不开数据的支撑。例如，要在网上买一本书，怎么样才能快速找到最低价？做市场调研、写方案时，想要了解某个行业的数据，应该怎么找？写英文作文、翻译时，不知道词语搭配怎么办？这些问题都可以通过数据搜索来寻求答案。

（1）网络指数。

以"胡歌、王凯和靳东谁比较红？"这个问题为例。

要回答这个问题，需要使用到百度指数，用百度搜索。找到百度指数网站，分别输入三人的名字进行横向对比，如图 6 - 13 和图 6 - 14 所示。

图 6 - 13 添加横向对比

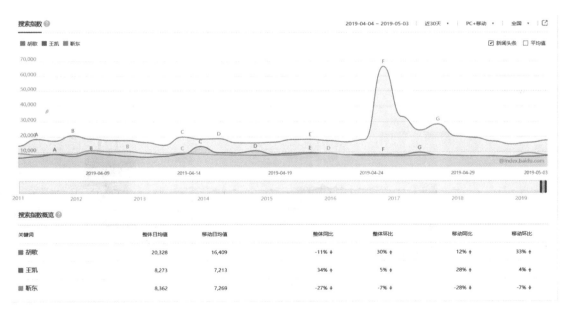

图 6 - 14 百度指数结果

从图 6 - 14 所示的结果中可以看到，整体而言，胡歌的搜索指数远大于王凯和靳东的，而王凯和靳东两人的搜索指数基本持平。

甚至可以根据百度指数的人群画像分析出三人的粉丝的年龄结构和性别结构（图 6 - 15）：三人的粉丝主要的年龄分布都是 30 ~ 49 岁，胡歌的粉丝在 30 岁以下的最多；王凯的女性粉丝比男性粉丝多很多，靳东的女性粉丝也比男性粉丝多；胡歌的男性粉丝比女性粉丝多，但比例差距不大。

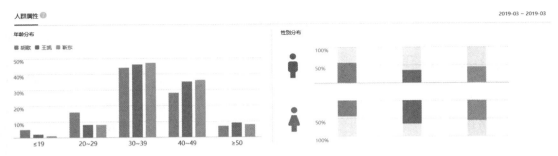

图 6-15　粉丝人群画像

百度指数只是网络指数中的一种，除此之外，还有微信指数、未知数、谷歌趋势、360趋势、搜狗指数、爱奇艺指数、电商指数等，都是以用户的行为大数据为基础进行分析的，可以根据自己的问题的类型搜索不同种类的网络指数，以得到想要的数据。

（2）比价搜索。

比价搜索其实就是同款商品找最低价。同一款商品在不同的电商网站中往往价格有差异，并且有时候差异还不小。在不同的平台找同款商品的最低价，这是横向比价。与之对应的是纵向比价，指的是同一款商品在不同时期的价格数据对比，这有助于发现商品现在的价格状态，以确定购买时机。

例如，想要购买一本《啊哈 C 语言》，在惠惠网中进行横向比价，确定哪一个平台价格最低。

如图 6-16 所示，《啊哈 C 语言》不同平台最高价与最低价之间相差超过 30 元。

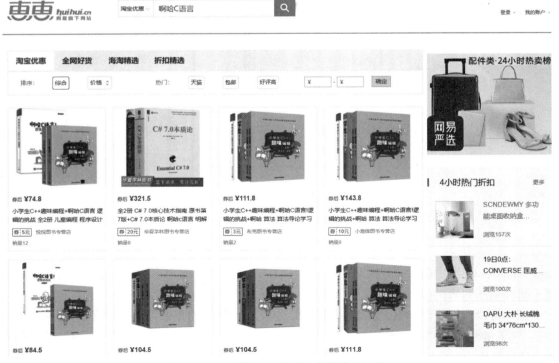

图 6-16　《啊哈 C 语言》书籍横向比价

人们在每年"双11"购物节都会买很多东西，但有一些不良商家在"双11"前提前涨价，"双11"时又以折扣的名义以原来价格售卖，怎么样才能知道自己没有受骗吃亏呢？怎么样才能知道现在购买是不是真的打折呢？

遇到这样的问题就需要进行纵向比价。例如，想要购买一台华为P20手机，但不知道此时的价格是否合适，可以在慢慢买网站中查询它的历史价格记录，如图6-17所示。

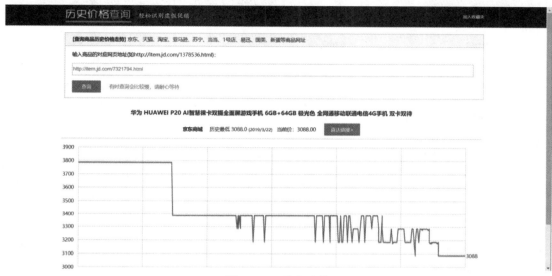

图6-17　纵向比价

（3）统计数据搜索。

市场调研、科学研究都离不开统计数据，统计数据的获取有各种途径，官方的统计数据是首选。

国家统计局网站（http://www.stats.gov.cn）不仅提供数据查询，还可以通过导航的方式查找数据，同时提供《中国统计年鉴》的在线浏览，如图6-18所示。

图6-18　国家统计局网站

国家统计局提供全国性及较为宏观的地区行业数据，可以在各省统计局网站查找，一般都能找到，如图6-19所示。

图6-19 云南省统计局

每个国家都有类似的统计机构，在这些机构的网站上一般都能找到本国的统计数据或者数据查询的链接。

全球性的统计数据可以从世界银行国际货币基金组织联合国经合组织等一些国际性组织的网站上查找。特别是世界银行，不仅可以在线查，还提供图表化的对比分析。图6-20所示为世界银行网站。

图6-20 世界银行网站

5. 图片搜索

（1）以图识图。

在做 PPT 或做设计时，经常会遇到这样的问题：一张合适的图片，但分辨率太低，人为放大会出现马赛克和锯齿，这时就需要用以图识图的搜索方式来搜索高清大图。打开百度图片，上传小图或者直接复制小图的网址，有比较大的可能找到这种小图的高分辨率大图，如图 6-21 所示。

图 6-21 百度图片以图识图

如果找不到高清大图，还可以通过 Photoshop 等图像编辑软件进行无损放大。

有时在网上找到一张好图，但发现这张图明显属于一个系列，而现在只找到了一个系列中的一张，那么怎样才能找到其他同系列的图片呢？

同样地，使用搜索引擎的识图功能进行识图，但国内的搜索引擎可能无法找到来自国外的图片，因此，遇到这种情况时，可以使用国外的搜索引擎进行识图，例如 yandex、Google 和 tineye 等。

（2）无版权图片搜索。

在网上搜索的图片，如果用于商用，一定要关注版权问题。CC0 协议也就是版权共享协议的基本理念是创作者把作品的版权共享给全世界，自己不再持有版权。互联网上的 CC0 图库很多，在搜索图片时，最好使用 CC0 图库。这里推荐使用 UnSplash（www.unsplash.com）和 Pixabay（https://pixabay.com）。图 6-22 所示为 UnSplash 网站首页。

图 6-22 UnSplash 网站首页

6. 音乐音效搜索

在做 PPT 时，动画配合一些声音特效会让 PPT 更出色；在录制抖音时，在适当的时候插入一些声音特效会让视频更吸引人。所以音效素材还是比较有用的，关键是能想到用这些资源。这些音效在哪里找呢？还是之前强调过的，首选专业的资源系统，那么专业的音效资源系统在哪儿呢？用搜狗的微信搜索！在搜狗中搜微信，输入关键词"音效资源"，按 Enter 键后可以找到很多音效资源推荐，如图 6 - 23 所示。根据推荐打开专业音效网站，搜索需要的音效。

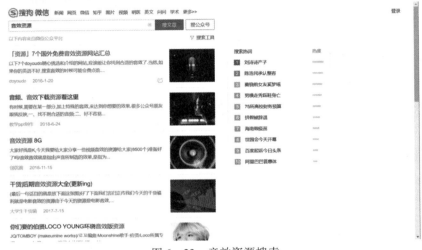

图 6 - 23　音效资源搜索

生活中搜索得比较多的应该是音乐，走在大街上突然听到一段优美的旋律，很想下载到自己的手机上做铃声，但不知道是什么曲子，也没有歌词。没有歌词，就无法搜索，这时必须借助听音识曲，手机上的音乐 App 基本都有这个功能。

7. 视频搜索

视频资源是最常用的资源之一，影视资源可以到各大视频网站搜索，例如爱奇艺、优酷和 B 站等，教学类的视频资源可以到中国大学慕课网、网易公开课、百度传课、我爱自学网等网站搜索。

如果需要的资源无法通过以上方式搜索到，可以通过以下几种方式搜索。

第一种方式：使用视频搜索引擎进行搜索，例如茶狐杯（https://www.cupfox.com）（图 6 - 24）、疯狂影视搜索（http://www.ifkdy.com）等。

图 6 - 24　茶狐杯搜索界面

第二种方式：使用磁力链网站搜索，例如磁力猫、BT 磁力链（图 6 – 25）等。

图 6 – 25　磁力链搜索

实训一：使用百度搜索进行搜索

实训目标

⊙能够正确打开浏览器，输入百度搜索网址
⊙掌握使用百度搜索来搜索信息的方法
⊙能够根据搜索内容设置搜索工具，选择搜索类型
⊙能够利用关键字缩小搜索范围，使搜索结果更加准确

实施步骤

步骤 1：打开浏览器，输入百度网址。

（1）找到浏览器的快捷方式图标，双击打开。

（2）在浏览器的地址栏输入 www. baidu. com，按下 Enter 键。

步骤 2：搜索一部经典电影的相关信息。

（1）在百度搜索的搜索框中输入电影名称。

（2）浏览搜索结果，找到最好的结果，打开链接。

步骤 3：改变搜索内容，让搜索结果更准确。

（1）在百度搜索的搜索框中输入电影名称和上映时间或主演姓名或导演姓名等信息。

（2）浏览搜索结果，找到最好的结果，打开链接。

步骤 4：在百度图片中搜索。

（1）在百度搜索页面单击选择"图片"，在百度图片的搜索框中输入电影名称。

（2）浏览搜索结果，找到 10 张该片的剧照并保存下来。

步骤 5：在百度视频中搜索。

（1）在百度搜索页面单击选择"视频"，在搜索框中输入电影名称。

（2）浏览搜索结果，找到可观看的链接。

步骤 6：在百度资讯中搜索。

（1）在百度搜索页面单击选择"资讯"，在搜索框中输入电影名称。

（2）浏览搜索结果，找到电影上映的资讯。

步骤 7：在百度文库中搜索。

（1）在百度搜索页面单击选择"文库"，在搜索框中输入电影名称。

（2）浏览搜索结果，找到剧情介绍的文档。

步骤 8：设置搜索条件。

（1）在百度搜索的搜索框中输入电影名称，设置搜索工具，将时间限定为近 1 年。

（2）浏览搜索结果，找到最好的结果，打开链接。

实训二：练习垂直搜索

实训目标

⊙能够熟练使用电子书搜索

⊙能够熟练使用网盘搜索

⊙能够熟练使用微信搜索和知乎搜索

⊙能够熟练搜索 CC0 图库的图片

实施步骤

步骤 1：使用鸠摩搜索来搜索电子书。

（1）找到浏览器的快捷方式图标，双击打开。

（2）在浏览器的地址栏输入 https://www.jiumodiary.com，按 Enter 键。

（3）在鸠摩搜索的搜索框中输入电子书名字，开始搜索。

（4）浏览搜索结果，打开一个搜索链接查看并截图保存。

步骤 2：使用网盘搜索一部经典电影。

（1）找到浏览器的快捷方式图标，双击打开。

（2）在浏览器的地址栏输入 http://www.panduoduo.net，按 Enter 键。

（3）在搜索框中输入电影名字，开始搜索。

（4）浏览搜索结果，打开一个搜索链接查看并截图保存。

步骤 3：使用搜狗搜微信来搜索一部 PS 教程。

（1）找到浏览器的快捷方式图标，双击打开。

（2）在浏览器的地址栏输入 https://www.sogou.com，选择搜狗搜微信。

（3）在搜索框中输入"PS 教程"，开始搜索。

（4）浏览搜索结果，打开一个搜索链接查看并截图保存。

步骤 4：使用搜狗搜知乎来搜索自媒体。

（1）找到浏览器的快捷方式图标，双击打开。

（2）在浏览器的地址栏输入 https://www.sogou.com，选择搜狗搜知乎。

（3）在搜索框中输入"自媒体"，开始搜索。

（4）浏览搜索结果，打开一个搜索链接查看并截图保存。

步骤5：搜索CC0图库的图片。

（1）找到浏览器的快捷方式图标，双击打开。

（2）在浏览器的地址栏输入www.unsplash.com，按Enter键。

（3）选择浏览某一类型图片。

（4）下载10张免费图片。

6.4　管理电子邮件

电子邮件是一种用电子手段提供信息交换的通信方式，是互联网应用最广的服务。通过网络的电子邮件系统，用户可以以非常低廉的价格（不管发送到哪里，都只需负担网费）、非常快速的方式（几秒钟之内可以发送到世界上任何指定的目的地），与世界上任何一个角落的网络用户联系。

电子邮件可以是文字、图像、声音等多种形式。同时，用户可以得到大量免费的新闻、专题邮件，并实现轻松的信息搜索。电子邮件的存在极大地方便了人与人之间的沟通与交流，促进了社会的发展。

电子邮件有以下优点：

第一，邮件是一种延时互动，因此是一种全天候的交流工具。

第二，存档/回顾。尤其是基于回复和对话的存档/回顾，是深度思考和交流的根本。

第三，电子邮件存储在电子邮箱中，永久有效。对于工作中的交流，一定要留下记录，这些记录需要"可搜索、不可否认"。

第四，电子邮件具有全世界通用的协议。电子邮件用户可以给任何邮箱用户发送电子邮件，甚至可以使用任何一种邮件的客户端，以任何一种方式去查看邮件。

因此，在日常工作中，电子邮件是必不可少的通信方式。对于学生来说，熟练掌握和使用电子邮件是未来就业必备的基础技能。

一、注册电子邮箱

电子邮箱是通过网络电子邮局为网络客户提供的网络交流的电子信息空间。电子邮箱具有存储和收发电子信息的功能，是因特网中最重要的信息交流工具。在网络中，电子邮箱可以自动接收网络任何电子邮箱所发的电子邮件，并能存储规定大小的多种格式的电子文件。电子邮箱具有单独的网络域名，在@后标注其电子邮局地址。所以，要发送电子邮件，必须先注册一个属于自己的电子邮箱。

邮件服务商主要分为两类：一类针对个人用户提供个人免费电子邮箱服务，另外一类针对企业提供付费企业电子邮箱服务。

作为个人用户，注册个人免费邮箱即可。国内的免费邮箱种类繁多，使用较多的有126邮箱、163邮箱和QQ邮箱等。

腾讯的 QQ 邮箱可以直接使用 QQ 登录，并且可以在 QQ 客户端上直接打开进入，无须注册即可使用。

网易邮箱是国内最大的邮件服务商，这里以注册一个网易 126 免费邮箱为例：

在浏览器地址栏输入网易邮箱的网址 https://email.163.com，按 Enter 键跳转到网易免费邮箱的页面，选择 126 免费邮箱，鼠标单击去注册。

在邮箱注册页面填写完整的注册信息，完成注册后返回图 6 - 26 所示页面登录邮箱。

图 6 - 26　网易邮箱登录界面

二、邮件管理操作

登录邮箱后，单击菜单按钮即可进行相应操作，如图 6 - 27 所示。

单击"写信"，进入写信页面，按要求编辑邮件内容后即可发送邮件，如图 6 - 28 和图 6 - 29 所示。

单击"收信"，进入收信页面，可查看收到的邮件并对已接收的邮件进行标记、分类、移动举报、删除等操作。

单击"红旗邮件""代办邮件""智能标签""星标联系人邮件"，可以查看相应标记的邮件，并可对邮件进行操作。

单击"草稿箱"，可查看放入草稿箱的邮件，并可进行操作。

图 6 – 27　126 邮箱操作界面

图 6 – 28　写信界面

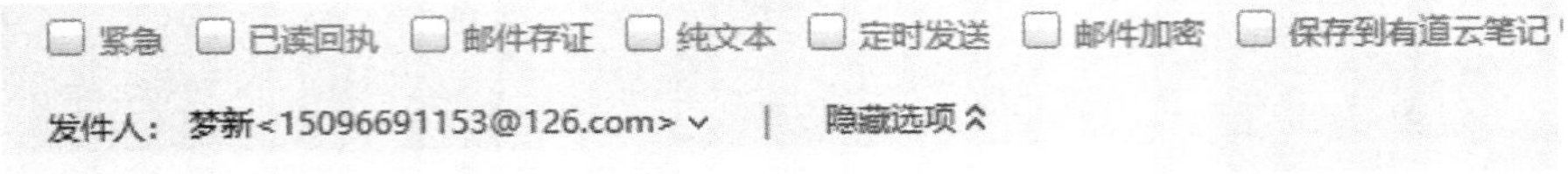

图 6-29 发送选项

单击"已发送"，可查看已发出的邮件，并可进行删除、标记、移动等操作。

单击"订阅邮件"，可查看已订阅的邮件，并可进行删除、标记、移动等操作。

单击"已删除""广告邮件""垃圾邮件""客户端删信"，可查看已删除、被标记为广告邮件和垃圾邮件的邮件，并进行恢复、彻底删除、移动等操作。

单击"其他7个文件夹"右侧的"＋"按钮，可添加文件夹，如图 6-27 中的"重要工作文件"和"收藏邮件"是由用户自定义添加的文件夹，并可设置访问密码。

单击"其他7个文件夹"右侧的按钮，可进入"设置"界面，设置和管理文件夹。

单击"推广邮件"，可查看已收到的推广邮件，并可进行删除、标记、移动等操作。

下面主要对"收信""写信"的界面操作进行说明。

1. 写信

（1）完成邮件并编辑后，单击"发送"按钮，完成邮件的发送。

（2）在编辑完邮件后，可单击"预览"按钮查看收件人将看到的邮件内容。

（3）编辑完成或部分编辑邮件后，可单击"存草稿"，将邮件存入草稿箱。

（4）必须正确填写邮件地址，否则无法发送。

（5）编辑邮件的主题。

（6）单击"添加附件"，可选择上传的附件文件，文件大小不能超过 3 GB。

（7）可对编辑的邮件内容中的文本的字体、字号、颜色、对齐方式等进行设置，还可以插入图片、图形和声音等。

（8）输入和编辑邮件内容。

（9）单击"更多发送选项"，可勾选和设置"紧急""已读回执""邮件存证""纯文本""定时发送""邮件加密""保存到有道云笔记"。

2. 收信

进入收信页面，已查收的邮件会按照最近使用的顺序进行罗列，单击邮件可查看邮件内容，如图 6-30 所示。

图 6-30 查看收信

（1）勾选邮件进行操作，可单选、多选或全选邮件。

（2）单击旗帜按钮，将邮件标记为红旗邮件。

（3）对邮件进行标记、移动、导出和排序操作，如图6－31所示。

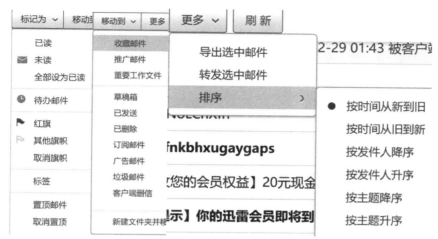

图6－31　邮件的标记、移动、导出和排序操作

（4）单击旗帜，新建和管理标记；单击时钟，将邮件设置为待办邮件；单击垃圾桶，删除邮件。

（5）单击"全部设为已读"，将所有勾选的邮件变成已读邮件。

（6）单击日历，可查看指定日期的邮件；单击页码，可选择页码查看邮件。

（7）单击右方向键，查看下一页的邮件；单击左方向键，查看上一页的邮件。

（8）单击齿轮，可设置列表间距、每页显示邮件数量等。

3．邮箱客户端

电子邮件具有全世界通用的协议，因此很多邮件服务商开发出了桌面端或移动端（App）的邮件管理软件，并且允许用户登录任意电子邮件账号进行操作。例如，用户可以在网易邮箱大师（网易的邮箱客户端）上登录自己的126邮箱账号、163邮箱账号、yeah邮箱账号，也可以登录其他邮件服务商的邮箱账号。

不同的邮件服务商都开发了邮箱客户端。Win10操作系统也内置了邮件管理的应用，Office办公软件中的Outlook也是一种邮箱客户端，网易、腾讯等公司也开发有免费使用的邮箱客户端。

百度搜索"网易邮箱大师"，打开官网，下载Windows版本，并按照提示安装。

安装完成后，使用邮箱大师账号登录，或者添加邮箱，使用已有的任意邮箱账号登录。为了方便对所有邮件的管理，建议注册大师账号并登录，如图6－32和图6－33所示。

使用邮箱客户端可方便管理用户的所有邮箱账号。网易邮箱在手机移动端也有相应的邮箱客户端的App，能在手机上方便地管理和操作用户的邮箱和电子邮件。

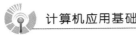

图 6 – 32 使用大师账号登录或者添加邮箱账号登录

图 6 – 33 网易邮箱大师界面

实训：使用网易邮箱大师管理邮件

实训目标

◉ 能够注册免费邮箱
◉ 能够在邮箱页面管理邮件
◉ 能够熟练使用网易邮箱大师管理邮件
◉ 能够熟练使用网易邮箱的 App 管理邮件

实施步骤

步骤 1：注册 126 免费邮箱。

（1）找到浏览器的快捷方式图标，双击打开。

（2）通过百度搜索，打开 126 免费邮箱的注册页面，完成注册。

步骤 2：注册 163 免费邮箱。

（1）找到浏览器的快捷方式图标，双击打开。

（2）通过百度搜索，打开 163 免费邮箱的注册页面，完成注册。

步骤 3：发送邮件。

（1）登录已注册的邮箱，进入写信页面。

（2）完成邮件内容的编辑，将邮件发送给 5 个同学。

步骤 4：管理收到的邮件。

（1）登录已注册的邮箱，进入收信页面。

（2）查看收到的邮件内容并进行标记。

步骤 5：使用网易邮箱大师管理邮件。

（1）通过百度搜索，打开网易邮箱大师的下载页面。

（2）下载并安装网易邮箱大师。

（3）注册网易邮箱大师的大师账号并登录。

（4）在网易邮箱大师中添加已注册的 126 邮箱和 163 邮箱。

（5）在网易邮箱大师中管理 126 邮箱和 163 邮箱中的邮件。

步骤 6：使用网易邮箱大师 App 管理邮件。

（1）在手机应用市场下载网易邮箱大师。

（2）使用已注册的大师账号登录。

（3）使用网易邮箱大师 App 管理 126 邮箱和 163 邮箱。

6.5　计算机网络安全

网络安全是指网络系统的硬件、软件及其系统中的数据受到保护，不因偶然的或者恶意的原因而遭受到破坏、更改、泄露，系统连续、可靠、正常地运行，网络服务不中断。

计算机网络安全问题主要体现在：自然灾害、意外事故；计算机犯罪；人为行为，比如使用不当、安全意识差等；"黑客"行为，例如非法访问、计算机病毒、非法连接等；内部泄密；外部泄密；信息丢失；电子谍报，比如信息流量分析、信息窃取等；网络协议中的缺陷，例如 TCP/IP 协议的安全问题等。

对于个人用户来说，计算机网络安全的威胁主要体现在两个方面：个人信息安全威胁及计算机恶意程序威胁。

一、个人信息安全

个人信息主要包括以下类别：

1. 基本信息

为了完成大部分网络行为，消费者会根据服务商要求提交包括姓名、性别、年龄、身份证号码、电话号码、E-mail 地址及家庭住址等在内的个人基本信息，有时甚至会包括婚姻、信仰、职业、工作单位、收入等相对隐私的个人基本信息。

2. 设备信息

主要是指消费者所使用的各种计算机终端设备（包括移动和固定终端）的基本信息，

如位置信息、Wi－Fi 列表信息、MAC 地址、CPU 信息、内存信息、SD 卡信息、操作系统版本等。

3. 账户信息

主要包括网银账号、第三方支付账号、社交账号和重要邮箱账号等。

4. 隐私信息

主要包括通讯录信息、通话记录、短信记录、IM 应用软件聊天记录、个人视频、照片等。

5. 社会关系信息

主要包括好友关系、家庭成员信息、工作单位信息等。

6. 网络行为信息

主要是指上网行为记录，消费者在网络上的各种活动行为，如上网时间、上网地点、输入记录、聊天交友、网站访问行为、网络游戏行为等个人信息。

随着互联网应用的普及和人们对互联网的依赖，个人信息受到极大的威胁。恶意程序、各类钓鱼软件继续保持高速增长，同时，黑客攻击事件频发，与各种网络攻击大幅增长相伴的，是大量网民个人信息的泄露与财产损失的不断增加。根据公开信息，2011 年至今，已有 11.27 亿用户隐私信息被泄露，个人财产受到损失。人为倒卖信息、手机泄露、个人电脑感染、网站漏洞是目前个人信息泄露的四大途径。个人信息泄露危害巨大，除了个人要提高信息保护的意识以外，2017 年 6 月 1 日，《中华人民共和国网络安全法》（以下简称《网络安全法》）正式施行。这是中国首部网络安全法，保护个人信息是其重要内容。

在日常生活中，应注意以下几点：

（1）尽量不使用公共场所的 Wi－Fi。对于黑客来说，公共场合的 Wi－Fi 极容易侵入，这也意味着个人信息将暴露在黑客的视线下。

（2）尽量访问具备安全协议的网址。建议尽量登录网址前缀中带有 "https:" 字样的网站，具备这种安全协议的网址的安全性较高。

（3）不同软件尽量不要使用同一组账号和密码。黑客常常会购买带有大量个人信息的数据库进行 "撞库"，因此设置多组账号和密码可以防止黑客侵入下一个账户，及时止损。

（4）妥善处置快递单等包含个人信息的单据。对于含有姓名、电话、住址等信息的单据凭证，要及时销毁，即使是不经意扔掉，也可能导致个人信息泄露。

二、计算机恶意程序的防护

恶意程序通常是指带有攻击意图所编写的一段程序。这些威胁可以分为两个类别：需要宿主程序的威胁和彼此独立的威胁。前者基本上是不能独立于某个实际的应用程序、实用程序或系统程序的程序片段；后者是可以被操作系统调度和运行的自包含程序。

也可以将这些软件威胁分成不进行复制工作和进行复制工作的。简单地说，前者是一些当宿主程序调用时被激活起来完成一个特定功能的程序片段；后者由程序片段（病毒）或者由独立程序（蠕虫、细菌）组成，在执行时可以在同一个系统或某个其他系统中产生自身的一个或多个以后被激活的副本。

1. 计算机恶意程序的分类

病毒是一种攻击性程序，采用把自己的副本嵌入其他文件中的方式来感染计算机系统。当被感染文件加载进内存时，这些副本就会执行，去感染其他文件，如此不断进行下去。病毒常具有破坏性作用，有些是故意的，有些则不是。

计算机病毒（Computer Virus）是编制者在计算机程序中插入的破坏计算机功能或者数据的代码，能影响计算机使用、能自我复制的一组计算机指令或者程序代码。

计算机病毒具有传播性、隐蔽性、感染性、潜伏性、可激发性、表现性或破坏性。计算机病毒的生命周期：开发期→传染期→潜伏期→发作期→发现期→消化期→消亡期。

计算机病毒是一个程序，一段可执行码。就像生物病毒一样，具有自我繁殖、互相传染及激活再生等生物病毒特征。计算机病毒有独特的复制能力，它们能够快速蔓延，又常常难以根除。它们能把自身附着在各种类型的文件上，当文件被复制或从一个用户传送到另一个用户时，它们就随同文件一起蔓延开来。

从广义上来说，这些恶意程序都称为计算机病毒。

恶意程序主要包括陷门、逻辑炸弹、特洛伊木马、蠕虫、细菌、病毒等。

（1）陷门。计算机操作的陷门设置是指进入程序的秘密入口，它使知道陷门的人可以不经过通常的安全检查访问过程而获得访问。

（2）逻辑炸弹。在病毒和蠕虫之前，最古老的程序威胁之一是逻辑炸弹。逻辑炸弹是嵌入在某个合法程序里面的一段代码，被设置成当满足特定条件时就会发作，也可理解为"爆炸"，它具有计算机病毒明显的潜伏性。一旦触发，逻辑炸弹的危害性可能改变或删除数据或文件，引起机器关机或完成某种特定的破坏工作。

（3）特洛伊木马。特洛伊木马是一个有用的或表面上有用的程序或命令过程，包含了一段隐藏的、激活时进行某种不想要的或者有害的功能的代码。它的危害性是可以用来非直接地完成一些非授权用户不能直接完成的功能。

（4）蠕虫。网络蠕虫程序是一种使用网络连接从一个系统传播到另一个系统的感染病毒程序。一旦这种程序在系统中被激活，网络蠕虫可以表现得像计算机病毒或细菌，或者可以注入特洛伊木马程序，或者进行任何次数的破坏或毁灭行动。

2. 计算机病毒的传播方式

计算机病毒主要通过移动存储设备和网络进行传播。

（1）移动存储设备传播。

如通过可移动式磁盘包括 CD – ROM、U 盘和移动硬盘等进行传播。

盗版光盘上的软件和游戏及非法拷贝是传播计算机病毒的主要途径。随着大容量可移动存储设备如 Zip 盘、可擦写光盘、磁光盘（MO）等的普遍使用，这些存储介质也将成为计算机病毒寄生的场所。

硬盘是数据的主要存储介质，因此也是计算机病毒感染的重灾区。

（2）网络传播。

网络是由相互连接的一组计算机组成的，这是数据共享和相互协作的需要。组成网络的

每一台计算机都能连接到其他计算机，数据也能从一台计算机发送到其他计算机上。

如果发送的数据感染了计算机病毒，接收方的计算机将自动被感染，因此，有可能在很短的时间内感染整个网络中的计算机。例如访问某些不安全的网页、下载不安全的文件、通过聊天软件和电子邮件等方式传播。

3. 计算机病毒的预防

（1）不安装来历不明的软件，不随意访问不安全的网站，不下载来历不明文件。

（2）安装真正有效的防毒软件，并经常进行升级。

（3）使用 U 盘等移动存储工具时，要先使用查毒软件进行检查，未经检查的可执行文件不能拷入硬盘，更不能使用。

（4）将硬盘引导区和主引导扇区备份下来，并经常对重要数据进行备份。

三、常用的计算机安全防护软件

杀毒软件，也称反病毒软件或防毒软件，是用于清除电脑病毒、特洛伊木马和恶意软件等计算机威胁的一类软件。

杀毒软件通常集成监控识别、病毒扫描和清除、自动升级、主动防御等功能，有的杀毒软件还带有数据恢复、防范黑客入侵、网络流量控制等功能，是计算机防御系统（包含杀毒软件、防火墙、特洛伊木马和恶意软件的查杀程序、入侵预防系统等）的重要组成部分。

杀毒软件是一种可以对病毒、木马等一切已知的对计算机有危害的程序代码进行清除的程序工具。"杀毒软件"是由国内的老一辈反病毒软件厂商起的名字，后来由于和世界反病毒业接轨，统称为"反病毒软件""安全防护软件"或"安全软件"。集成防火墙的"互联网安全套装""全功能安全套装"等用于清除电脑病毒、特洛伊木马和恶意软件的一类软件，都属于杀毒软件范畴。

目前大部分的计算机安全防护软件都是免费的，主要的品牌有 360 安全卫士、360 杀毒、卡巴斯基、Defender、诺顿、腾讯管家、金山毒霸等。

1. 360 安全卫士

360 安全卫士是一款由奇虎 360 公司推出的功能强、效果好、受用户欢迎的安全杀毒软件。360 安全卫士拥有查杀木马、清理插件、修复漏洞、电脑体检、电脑救援、保护隐私、电脑专家、清理垃圾、清理痕迹多种功能。

360 安全卫士独创了"木马防火墙""360 密盘"等功能，依靠抢先侦测和云端鉴别，可全面、智能地拦截各类木马，保护用户的账号、隐私等重要信息，使用起来也相对简单，适合一般用户使用。图 6 - 34 所示为 360 安全卫士的主界面。

2. 360 杀毒

360 杀毒是 360 安全中心出品的一款免费的云安全杀毒软件，如图 6 - 35 所示。它创新性地整合了五大领先查杀引擎，包括国际知名的 BitDefender 病毒查杀引擎、Avira（小红伞）病毒查杀引擎、360 云查杀引擎、360 主动防御引擎及 360 第二代 QVM 人工智能引擎。

图 6-34   360 安全卫士主界面

图 6-35   360 杀毒操作界面

360 杀毒具有查杀率高、资源占用少、升级迅速等优点。零广告、零打扰、零胁迫，一键扫描，快速、全面地诊断系统安全状况和健康程度，并进行精准修复，带来安全、专业、有效、新颖的查杀防护体验。其防杀病毒能力得到多个国际权威安全软件评测机构的认可，荣获多项国际权威认证。

四、互联网行为规范

互联网大大提高了传递信息和搜索信息的效率，已成为信息社会的基本工具，与此同时，网络文明和网络安全问题也越来越多地受到人们的关注。

目前，网络行为已经属于法律管理的范围，因此，上网时应遵守以下行为规范：

（1）严格遵守《中华人民共和国计算机信息网络国际联网管理暂行规定》《互联网信息服务管理办法》等国家法律法规，执行计算机网络安全管理的各项规章制度。

（2）自觉遵守有关保守国家机密的各项法律规定，不泄露党和国家机密，不传送有损国格、人格的信息。

（3）禁止在网络上从事违法犯罪活动。不制作、查阅、复制和传播有碍社会治安和社会公德、有伤社会风化的信息。

（4）不得发表任何诋毁国家、政府、党的言论，不得发表任何有碍社会稳定、国家统一和民族统一的言论。

（5）不得擅自复制和使用网络上未公开和未授权的文件。

（6）网络上所有资源的使用应遵循知识产权的有关法律法规。不利用网络盗窃别人的研究成果和受法律保护的资源，不得在网络中擅自传播或拷贝享有版权的软件，不得销售免费共享的软件。

（7）不得使用软件的或硬件的方法窃取他人口令，不得非法入侵他人计算机系统，不得阅读他人文件或电子邮件，不得滥用网络资源。

（8）不制造和传播计算机病毒等破坏性程序。

（9）禁止破坏数据、网络资源，或其他恶作剧行为。

（10）不在网络上接收和散布封建迷信、淫秽、色情、赌博、暴力、凶杀、恐怖等有害信息。

（11）不浏览色情、暴力、反动网站。

（12）不捏造或歪曲事实、散布谣言、诽谤他人，不发布扰乱社会秩序的不良信息。

（13）要善于网上学习，不浏览不良信息；要诚实友好交流，不侮辱欺诈他人；要增强自我防护意识，不随意约会网友；要维护网络安全，不破坏网络秩序；要做有益于身心健康的活动，不沉溺于虚拟时空。

习题与实训

一、单项选择题

1. 全世界最大互联网是（　　）。

A. 万维网　　　　　　　B. 广域网　　　　　　　C. ARPANET　　　　　　D. 因特网

2. 因特网的前身是（　　）。

A. 万维网　　　　　　　B. 广域网　　　　　　　C. ARPANET　　　　　　D. 因特网

3. 因特网诞生的时间是（　　）。

A. 1969 年   B. 1979 年   C. 1983 年   D. 1990 年

4. 因特网使用的网络协议是（   ）。

A. UDP 协议   B. TCP/IP   C. NETBEUI   D. IPX

5. 因特网的发展大体上分为（   ）个阶段。

A. 2   B. 3   C. 4   D. 5

6. 一个办公室内的计算机通过一个路由器构成的网络是（   ）。

A. 局域网   B. 广域网   C. 校园网   D. 因特网

7. 因特网的 IP 地址是通过（   ）向个体用户分配的。

A. APRA   B. ISP   C. NSF   D. 政府机构

8. 我国首次实现和世界互联是在（   ）。

A. 1986 年   B. 1990 年   C. 1994 年   D. 1998 年

9. 鸠摩搜索是专业的（   ）搜索引擎。

A. 电子书   B. 图片   C. 音乐   D. 视频

10. 如果想要专门搜索微信或者知乎上的信息，可以使用（   ）。

A. 百度搜索   B. 搜狗搜索

C. 谷歌搜索   D. 360 搜索

11. 在互联网上搜索图片时，要注意（   ）问题，避免引发法律纠纷。

A. 版权   B. 专利

C. 尺寸   D. 分辨率

12. 想要获得某个行业的年度统计数据，可以在（   ）网站上搜索。

A. 百度指数   B. 阿里指数

C. 国家统计局   D. 世界银行

13. CC0 协议是（   ）。

A. 网络协议   B. 传输协议

C. 控制协议   D. 版权共享协议

14. 计算机病毒是一种（   ）。

A. 生物   B. 恶意程序   C. 木马   D. 逻辑炸弹

15. 计算机网络安全的防范措施不包括（   ）。

A. 安装杀毒软件   B. 开启防火墙

C. 断网   D. 良好的使用计算机的习惯

二、填空题

1. 计算机恶意程序主要包括_____、_____、_____、_____和_____等。

2. 常见的杀毒软件有_____、_____和_____等。

3. 计算机病毒具有_____、_____、_____、潜伏性、可激发性、表现性或破坏性等。

4. 因特网的英文是_____。

5. 计算机中病毒的传播方式主要包括_____、_____和_____。

三、操作题

1. 使用鸠摩搜索来搜索一部金庸武侠小说。

2. 使用电子邮箱给同学发一封电子邮件。

3. 下载并安装 360 完全卫士，使用其安全防护功能。

4. 练习课本介绍的 7 种垂直搜索方式。

第7章

自媒体

移动互联网技术的高速发展，"互联网＋"已经深入人们生活中的方方面面，给社会带来了巨大的改变。比如，现在很多人出门都不带现金，更多人喜欢使用快捷方便的移动支付方式。又比如，以前的人们更多的是通过电视媒体或报纸期刊来了解时事新闻，而现在的人们通过网络能够随时随地了解到世界各个角落的最新新闻。再比如，以前人们想要将自己的观点和思想传达给其他人，又或者个人想要成为传播资讯的媒介是很困难的，但现在人人可以成为主播，可以在网上发布自己的观点，可以对时政新闻、焦点人物发表自己的评论，可以自由地展现自己的个性。从某种意义上来说，传统媒体的权威被弱化，被分配到每一个人身上，人人都是自媒体！

7.1　自媒体概述

什么是自媒体？

自媒体（We Media）又称"公民媒体"或"个人媒体"，是指私人化、平民化、普泛化、自主化的传播者，以现代化、电子化的手段向不特定的大多数或者特定的单个人传递规范性及非规范性信息的新媒体的总称。

在自媒体时代，各种不同的声音来自四面八方，"主流媒体"的声音逐渐变弱，人们不再接受被一个"统一的声音"告知对或错，每一个人都在从独立获得的资讯中对事物做出判断。

自媒体有别于由专业媒体机构主导的信息传播，它是由普通大众主导的信息传播活动，由传统的"点到面"的传播转化为"点到点"的一种对等的传播概念。同时，它也是指为个体提供信息生产、积累、共享、传播内容兼具私密性和公开性的信息传播方式。

一、自媒体的特点

1. 大众化、平民化、个性化

2006年年底，美国《时代》周刊年度人物评选的封面上没有摆放任何名人的照片，而是出现了一个大大的"You"和一台个人计算机。《时代》周刊对此解释说，社会正从机构向个人过渡，个人正在成为"新数字时代民主社会"的公民。2006 年年度人物就是"你"，是互联网上内容的所有者和创造者。

从"旁观者"转变成为"当事人"，每个平民都可以拥有一份自己的"网络报纸"（博客）、"网络广播"或"网络电视"（播客）。"媒体"仿佛一夜之间"飞入寻常百姓家"，变成了个人的传播载体。人们自主地在自己的"媒体"上"想写就写""想说就说"，每个"草根"都可以利用互联网来表达自己想要表达的观点，传递自己生活的阴晴圆缺，构建自己的社交网络。

2. 低门槛、易操作

对电视、报纸等传统媒体而言，媒体运作无疑是一件复杂的事情，它需要花费大量的人力和财力去维系。同时，一个媒介的成立需要经过国家有关部门的层层核实和检验，其测评严格，门槛极高，让人望而生畏，几乎是"不可能完成的任务"。但是，在这个互联网文化高度发展的时代，坐在家中就可以看到世界上各个地方的美丽风景，就可以欣赏到最新的流行视听，就可以品味到各大名家的激扬文字……互联网似乎让"一切皆有可能"，平民大众成立一个属于自己的"媒体"也成为可能。

在像新浪博客、优酷播客等所有提供自媒体的网站上，用户只需要通过简单的注册申请，根据服务商提供的网络空间和可选的模板，就可以利用版面管理工具在网络上发布文字、音乐、图片、视频等信息，创建属于自己的"媒体"。其进入门槛低，操作运作简单，让自媒体大受欢迎，发展迅速。

3. 交互性强、传播快

得益于数字科技的发展，任何时间、任何地点都可以经营自己的"媒体"，信息能够迅速地传播，时效性大大增强。作品从制作到发表，迅速、高效，是传统的电视、报纸媒介所无法企及的。自媒体能够迅速地将信息传播到受众中，受众也可以迅速地对信息传播的效果进行反馈。自媒体与受众的距离为零，其交互性的强大是任何传统媒介望尘莫及的。

二、自媒体存在的问题

1. 良莠不齐

自媒体门槛较低，人人都可称为自媒体人，每个人都可以随心所欲地发布自己的内容、观点，这些内容的质量自然也是良莠不齐。

2. 可信度低

由于自媒体的门槛低，有些自媒体急于求成，会发布一些只是为了追求点击率的新闻，从而忽略了新闻的真实性。

3. 相关法律法规不健全

自媒体让每个人都有话语权，都可以表达自己的观点，但有些言论和观点可能会违背相关的法律法规和道德规范。

三、学习和了解自媒体的好处

在互联网时代，人人都可以是自媒体，都可以从中获益。简单地说，通过自媒体可以将掌握的知识、技能甚至观点等进行变现。自媒体可以成为未来就业的一个方向。

具体来说，自媒体具有以下几个好处。

1. 盈利

自媒体的最大好处就是变现。通过自媒体可以将知识、能力、创意和才华转变成自己的经济收入。

2. 出名

现在火热的抖音短视频就是一个自媒体平台，每个人都可以上传自己的短视频，优质的短视频会获得大量粉丝的关注，从而使短视频作者成为"名人"，成为"网红"。

3. 提升自己

如果想实现盈利，想收获更多粉丝的关注，自媒体人就不得不提升自我，丰富自己的知识，掌握更多的技术技巧，才能制作出优质的自媒体内容。

4. 建立优质人脉

作为学生，就业是必须提前考虑的事情。未来步入职场，人脉是相当重要的。

5. 获得合作机会

当自媒体具有一定的影响力以后，简单来说，就是当你成为"网红"、当你建立了足够的人脉时，你就有机会成为别人合作的对象。

四、作为学生要如何做自媒体

作为学生，了解自媒体是在为未来做准备，因此，在真正成为自媒体人之前，应该做好以下几个方面：

1. 提升自我，在某个或某几个方面足够优秀

对于自媒体来说，内容的精致度和价值极其重要，学生在校期间必须努力提升自己的知识水平、专业技能或者努力锻炼自己某方面的能力或者特质，让自己有足够的能力不断地产出高质量的内容，才能成为一名优秀的自媒体人。

2. 掌握基本的自媒体运营技术

例如，想要做一名写作者，至少要掌握文字录入技能、熟练使用文字处理软件和图片处理软件等；想要做短视频自媒体，至少要掌握视频录制、视频剪辑、音频剪辑等技术，还要具有一定的编剧能力。

3. 勇于尝试、坚持不懈

当具备前两方面的能力后，就可以尝试在一些自媒体运营平台（例如抖音、今日头条等）开始创作自己的自媒体内容，并且不断地进步。

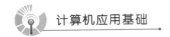

五、主要的自媒体运营平台

目前主流的自媒体平台包括：微信公众号、微博、头条号、百度官方贴吧等网络平台；抖音短视频、快手短视频、火山小视频等视频平台；简书、知乎、悟空问答等写作问答平台。

这些平台都很容易注册，注册以后就可以尝试发布自己的作品和内容。目前所有平台都提倡原创，甚至部分平台只能发布完全原创的作品。

7.2 自媒体基本工具

工欲善其事，必先利其器。要做自媒体，首先必须要能产出优质内容；其次，还必须熟练掌握一些设计和编辑工具。下面列举一些常用工具。

一、内容排版工具

对于学生来说，最常用的文本书写和排版工具莫过于 Word 2010。除了使用 Word 2010以外，还应该学习一些常用的手机页面图文编辑器，例如 135 编辑器、新榜编辑器、秀米编辑器、排版编辑器、微信编辑器、秀多多编辑器等，这些编辑器能快速完成适合手机浏览的页面排版。图 7 – 1 所示为编辑器操作界面。

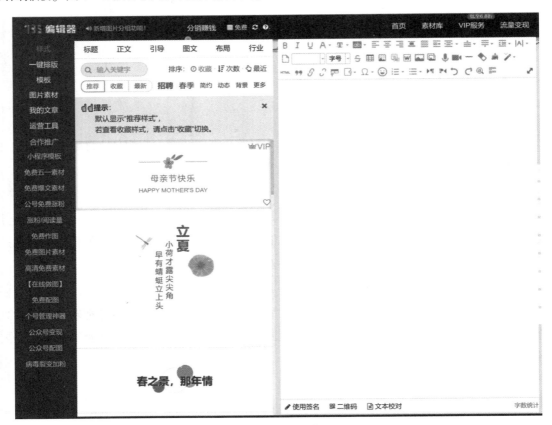

图 7 – 1　编辑器操作页面

二、文档写作与写作工具

常用的文档写作工具有 WPS、石墨、一起写、明道、印象笔记等，这些工具不但可以进行文章写作，还能多人协作共同完成文档写作。可以对文档的某一细节内容进行评论、编辑或者修改，其他人一起参与讨论。这样团队运营人员在一个文档里就能轻松完成方案讨论和稿件校对等需要多人协作的工作。

三、脑图、流程图工具

脑图又叫思维导图、心智图，是表达发散性思维的有效图形思维工具，它简单却又很有效，是一种实用性的思维工具。思维导图运用图文并重的技巧，把各级主题的关系用层级图表现出来，把主题关键词与图像、颜色等建立记忆链接。思维导图充分运用左右脑的机能，利用记忆、阅读、思维的规律协助人们在科学与艺术、逻辑与想象之间平衡发展，从而开启人类大脑的无限潜能。思维导图因此具有人类思维的强大功能。

常见的制作脑图的工具有 XMind、FreeMind、iMindMap 和百度脑图等。这些工具不仅可以用来制作脑图，还可以绘制流程图、鱼骨图、天盘图等。图 7-2 所示为百度脑图。

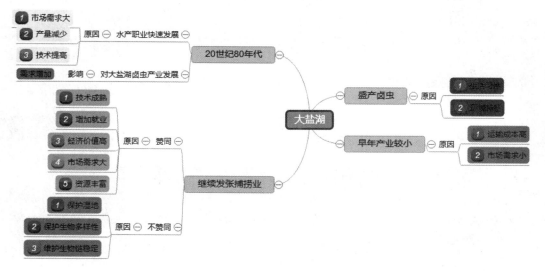

图 7-2　百度脑图

四、图片处理工具

图片是使用率最高的素材之一，很多时候要使用的图片素材都会存在一些问题，例如尺寸、分辨率、大小、色调等不合适，这些常见的图片问题可以使用图片处理软件解决。常用的图片处理软件有 Adobe Photoshop、光影魔术手、美图秀秀等。

实训：学习使用 Photoshop 的常用工具和基本操作

⊙认识 Photoshop CS6 的操作界面
⊙掌握打开、新建和保存文件的方法
⊙学习使用选择工具、选区工具、套索工具、魔棒工具、裁剪工具
⊙掌握设置和填充前景色、背景色的方法
⊙掌握还原、前进一步、后退一步的操作方法
⊙掌握选中、新建、删除、移动和复制图层的方法

步骤 1：双击图标，打开 Photoshop CS6，Photoshop CS6 的工作界面如图 7 – 3 所示。

图 7 – 3 Photoshop CS6 的工作界面

菜单栏：单击菜单栏名称可打开菜单，菜单中包含了可执行的各种命令。

选项栏：用来设置工具的各种选项，它会随着所选工具的不同而变换内容。

标题栏：显示文档名称、文件格式、颜色模式和窗口缩放比例等信息。如果文档中包含多个图层，则标题栏中还会显示当前工作的图层名称。

工具箱：包含了各种常见的工具，如选择工具、裁切和切片工具等。

文档窗口：即图像显示的区域，用于编辑和修改图像。

面板：用于配合图像编辑和 Photoshop 的功能设置。

状态栏：可以显示文档大小、文档尺寸、当前工具和窗口缩放比例等信息。

步骤2：打开、新建和保存文件。

单击"文件"菜单，可新建、打开、保存和另存文件。

执行"文件"→"打开"命令或按快捷键Ctrl＋O，弹出"打开"对话框，选择要打开的图片。

执行"文件"→"新建"命令或按快捷键Ctrl＋N，会弹出"新建"对话框，如图7－4所示。分别设置名称、高度、宽度和分辨率等，可单击"预设"的下拉菜单，选择预设。设置完成后，单击"确定"按钮，完成新建。

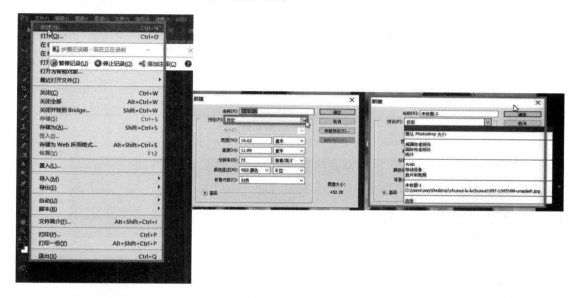

图7－4　新建文件

当完成图片编辑后，可将文件保存，执行"文件"→"保存"或按快捷键Ctrl＋S，弹出"存储为"对话框，选择文件存储位置和存储格式。常用的图片格式有JPEG、PNG、PSD等，如图7－5所示。

步骤3：学习使用常用工具。

（1）单击工具栏"选择工具"图标或按下快捷键V，光标变成箭头，如图7－6所示。

选中图像后按住左键不放可拖动图像，拖动图像的同时按下Alt键可复制图像，如图7－7所示。

使用选择工具时，在工具属性栏处可设置选择工具的属性，一般不勾选"自动选择"，如图7－8所示。

（2）右键单击工具栏"选框工具"的图标，弹出选框工具组，单击选择矩形选框工具，按住鼠标左键拖动，可拖出矩形选区；拖动的同时按住Shift键，可拖出正方形选区；按住Alt键拖动，从中心向四周拖出选区，如图7－9所示。

图 7-5　保存文件

图 7-6　选择工具

图 7-7　拖动图像

图 7-8　工具属性栏

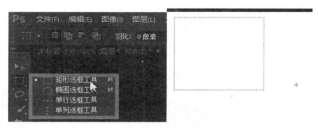

图 7 – 9　选框工具

按下 Ctrl + D 组合键可取消选区；在已有选区的情况下，再次拖出选区的同时按下 Shift 键可添加选区；按下 Alt 键可剪掉选区；同时按下 Alt 键和 Shift 键可保留交叉的选区。

（3）右键单击工具栏"套索工具"的图标，弹出套索工具组，左键单击选择套索工具。套索工具用来绘制选区，按住鼠标左键描绘选区形状，如图 7 – 10 所示，其他的选区操作与选框工具的相同。

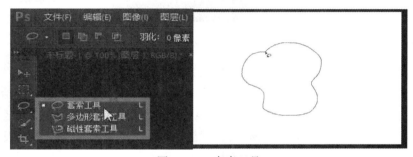

图 7 – 10　套索工具

（4）右键单击工具栏"魔棒工具"的图标，弹出工具组，左键单击选择魔棒工具。魔棒工具的主要功能是选取范围。在进行选取时，魔棒工具能够选择出颜色相同或相近的区域。使用魔棒选取时，用户还可以通过工具栏设定颜色值的近似范围，如图 7 – 11 所示。

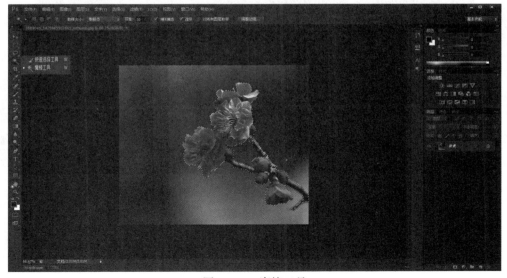

图 7 – 11　魔棒工具

（5）右键单击工具栏"裁剪"的图标，弹出工具组，左键单击选择裁剪工具，裁剪的主要功能是裁剪图片。在进行裁剪时，按住鼠标左键拖出要保留的区域，也可以在工具属性栏直接输入裁剪区域的高宽数值，如图 7 – 12 所示。

图 7 – 12　裁剪工具

步骤 4：掌握设置和填充前景色、背景色的方法。

新建一个圆形选区，在工具栏上找到前景色和背景色，单击前景色，弹出拾色器，选择一种颜色，或者在色板上选择一种颜色，按下 Alt + Delete 组合键，在当前选区内填充前景色，如图 7 – 13 所示；单击背景色，弹出拾色器，选择一种颜色，或者在色板选择一种颜色，按下 Ctrl + Delete 组合键，在当前选区内填充背景色。

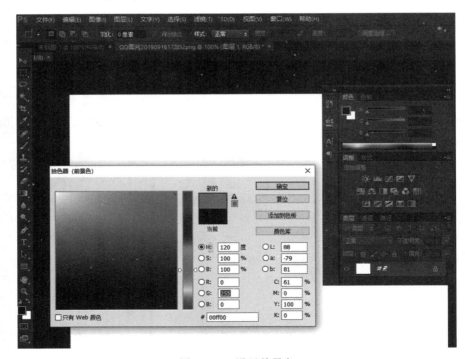

图 7 – 13　设置前景色

步骤5：掌握还原、前进一步、后退一步的操作方法。

如图7-14所示，执行"编辑"→"还原"操作或按快捷键Ctrl+Z，可还原最近的一次操作；执行"编辑"→"后退一步"操作或按快捷键Alt+Ctrl+Z，可还原多次操作；执行"编辑"→"前进一步"或按快捷键Shift+Ctrl+Z，可进行多次还原操作。

图7-14　还原与重做

步骤6：掌握选中、新建、删除、移动和复制图层的方法。

如图7-15所示，单击图层面右下角的"新建图层"按钮可新建一个透明图层。选中图层，单击右键，在右键菜单中可执行复制图层、删除图层等操作，如图7-16所示。

图7-15　新建图层

图7-16　复制和删除图层

实训：修改图片上的文字

实训目标

◉学习使用吸管工具、画笔工具、文字工具
◉学习使用橡皮擦工具

实施步骤

步骤1：打开素材图片。

步骤2：去除文字。

打开前景色拾色器，选择吸管工具，指向图片文字附近的区域，单击选择该区域的颜色，如图7－17所示。

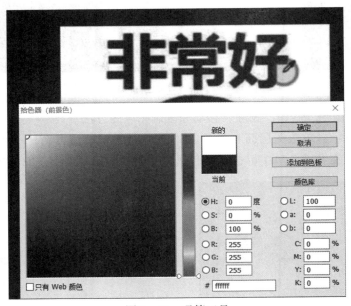

图7－17　吸管工具

选择画笔工具，在画面上单击右键，在弹出的"画笔设置"对话框中调整画笔大小，将画笔硬度设置为100，使用画笔涂抹文字，如图7－18所示。

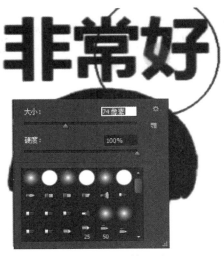

图7－18　画笔工具

也可以使用橡皮擦工具直接擦除。但橡皮擦工具擦除文字后会在擦除的地方填充白色，所以要看图片情况选择适当的方法。

步骤3：使用文字工具，添加文字。

将原图片的文字擦除后，选择文字工具，在合适的位置添加文字，如图7-19所示。

图7-19　文字工具

选中文字，执行"窗口"→"字符"，弹出"字符"面板，如图7-20所示，可设置文字的字体、字号、行距和间距等。

图7-20　设置文字属性

步骤4：保存图片。

将修改好的图片保存为.jpg格式。

实训：使用裁剪工具修改图片尺寸

实训目标

◉学习调整图片大小的方法

◎学习使用裁剪工具调整图片大小

实施步骤

步骤1：打开素材图片，要求将素材图片的分辨率调整为400×600。

步骤2：调整图像大小。

执行"图像"→"图像大小"命令，弹出"图像大小"对话框，将图像高度修改为600，如图7-21所示。

图7-21　图像大小

由于锁定了高宽比，将高度调整为600后，宽度大于400，如图7-22所示。

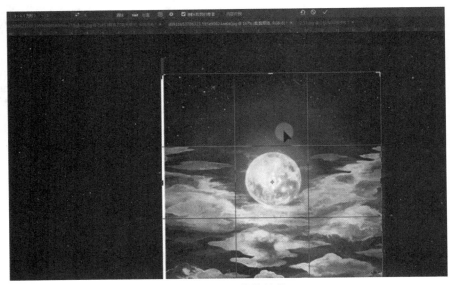

图7-22　按数值裁剪

使用裁剪工具，在工具属性栏输入要裁剪的数值400×600，调整裁剪的图像区域进行裁剪。

实训：将模糊照片变清晰

实训目标

◉学习使用滤镜
◉能够将模糊照片变清晰

实施步骤

步骤 1：打开素材图片。

素材图片如图 7 – 23 所示。

步骤 2：锐化图片边缘。

执行 "图像" → "图像大小" 命令，弹出 "图像大小" 对话框，将图像高度修改为 600，如图 7 – 24 所示。

图 7 – 23　模糊人像

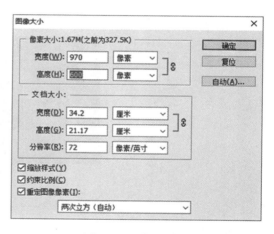

图 7 – 24　复制图层

选中被禁图层，执行 "滤镜" → "其他" → "高反差保留" 命令，弹出 "高反差保留滤镜" 对话框，将半径设置为 3，如图 7 – 25 所示。

将拷贝的图层的混合模式设为叠加并复制三次，得到四个复制的图层，按住 Shift 键的同时选中四个图层，按下 Ctrl + G 组合键新建分组，如图 7 – 26 所示。观察图片的清晰度变化，调整组 1 的不透明度。

五、视频、音频剪辑工具

视频和音频是最常用的素材，因此有必要掌握一些基础的视频和音频剪辑操作。常用的音频编辑工具有 Cool Edit、Goldwave、Audition 等。常用的视频编辑软件有会声会影、Adobe Premiere 等。

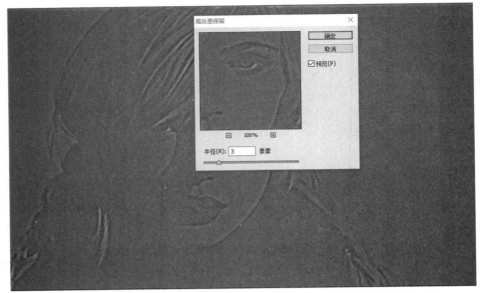

图 7 – 25　执行"高反差保留"命令

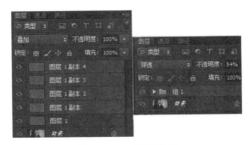

图 7 – 26　新建分组

实训：使用 Adobe Premiere CS6 简单编辑视频和音频

实训目标

◉认识 Adobe Premiere CS6 的工作界面
◉导入素材
◉剪辑视频和音频
◉导出视频、导出音频

实施步骤

步骤 1：打开 Adobe Premiere CS6，新建项目。

双击 Pr 图标，打开软件后选择"新建项目"，如图 7 – 27 所示。

设置名称和存储位置，单击"确定"按钮，如图 7 – 28 所示。新建序列项选择 720p，单击"确定"按钮，如图7-29所示。

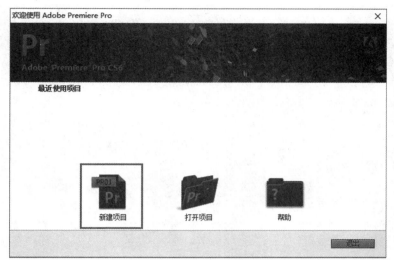

图7-27 新建项目

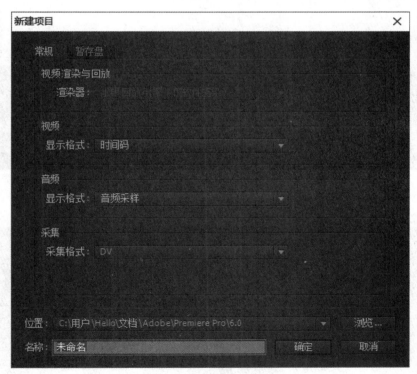

图7-28 设置名称

进入 Adobe Premiere CS6 工作界面，如图7-30所示。

步骤2：导入素材。

执行"文件"→"导入"命令，弹出"导入"对话框，按住 Shift 键选中全部素材，如图7-31~图7-33所示。

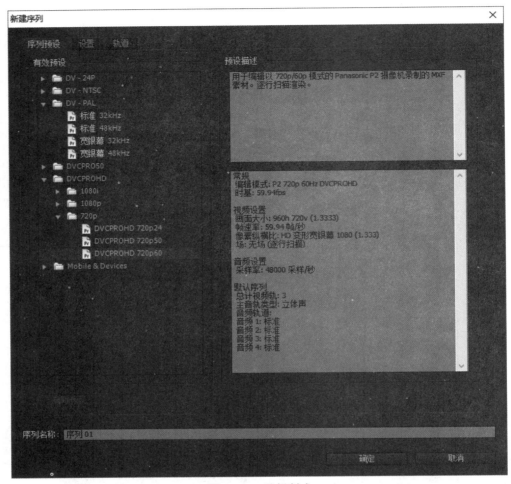

图 7 - 29　选择制式

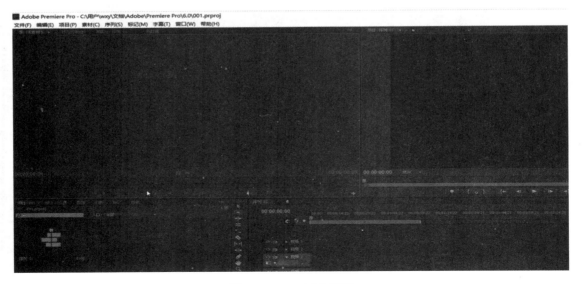

图 7 - 30　Pro 工作界面

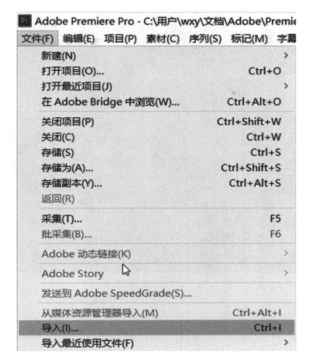

图 7 – 31 执行"导入"命令

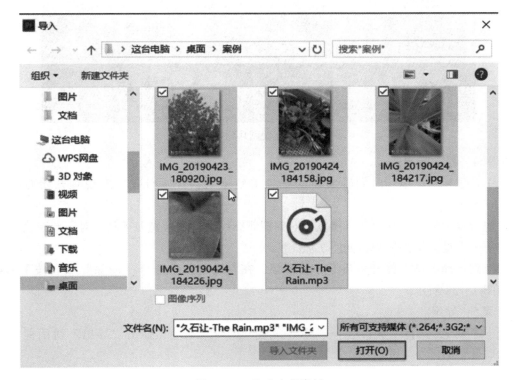

图 7 – 32 选中全部素材

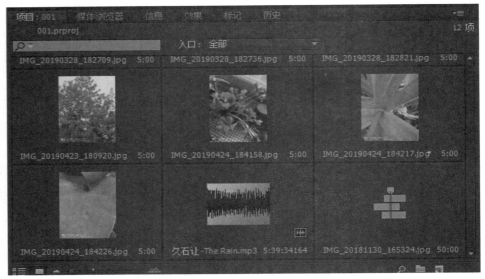

图 7 – 33 项目窗口

步骤 3：编辑视频。

选中所有图片素材，按住鼠标左键，拖到时间轴面板的视频 1 轨道上，单击节目面板的播放按钮，在节目窗口会呈现视频画面，如图 7 – 34 和图 7 – 35 所示。

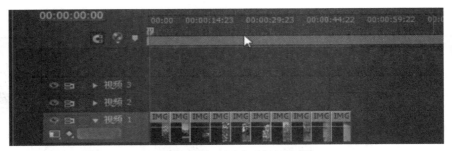

图 7 – 34 拖动图片到视频轨道

步骤 4：添加音频。

选中音乐素材，拖到时间轴窗口的音频 1 轨道上，开始时间对齐视频开始时间，如图 7 – 36 所示。

发现音频远远长于视频，将播放线对齐视频结尾处，切换剃刀工具，对齐音频轨道上的播放线单击左键，切割音频，如图 7 – 37 所示。

切换到选择工具，单击多余部分的音频，在右键菜单中选择"清除"或者按下 Delete 键，如图 7 – 38 所示。

步骤 5：导出。

选中序列 1，执行"文件"→"导出"→"媒体"命令，弹出"导出"对话框，设置导出的属性，如图 7 – 39 所示。

单击文件名可更改文件导出的位置。

若选择导出的格式为 MP3，则导出的是音频。

图 7-35　播放

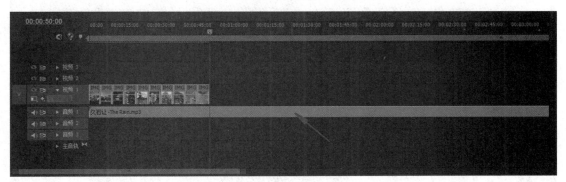

图 7-36　拖动音频到音轨上

图 7-37　切割音频

计算机应用基础

图 7 – 38　删除多余音频

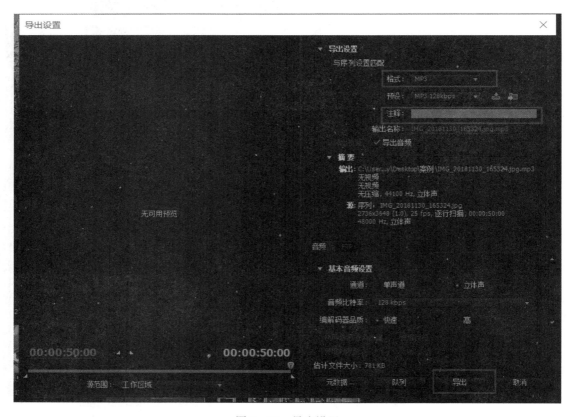

图 7 – 39　导出设置

270

六、H5 页面制作工具

H5 这个词来自"HTML5",并且是国内的专门称呼。HTML5 是指 HTML 的第 5 个版本,而 HTML 则是指描述网页的标准语言。因此,HTML5 是第 5 个版本的描述网页的标准语言。

H5 页面是一种简单易用、功能强大的传播和推广的载体,对于自媒体而言,很有必要学会制作 H5 页面。

常见的 H5 制作工具有 Maka、易企秀、秀赞 H5、活动盒子、IH5 等。

图 7 – 40 所示为易企秀操作界面。

图 7 – 40　易企秀操作界面

在 H5 页面制作工具中,有一类专业用于制作问卷调查、表单收集等工具,能够帮助自媒体快速完成市场调查、用户问卷、用户反馈分析等工作。常见的数据表单收集工具有问卷星、快站、金数据、表单大师等。图 7 – 41 所示为问卷星窗口。

图 7 – 41　问卷星

除了以上几类工具外，还有一些其他工具对自媒体很有帮助，例如 GIF 动图制作工具"涂一涂"涂色软件、二维码美化工具、草料二维码等。

习题与实训

一、单项选择题

1. 自媒体又被称为公民媒体或者（　　）。

A. 新媒体　　　　　　B. 网络媒体　　　　　　C. 主流媒体　　　　　　D. 私人媒体

2. 自媒体的特点是大众化、平民化和（　　）。

A. 现代化　　　　　　B. 电子化　　　　　　C. 个性化　　　　　　D. 普及化

3. 自媒体的门槛低，因而良莠不齐、可信度低，除此之外，自媒体还存在（　　）的问题，有些言论和观点会违背相关法律法规和道德规范。

A. 缺少监控　　　　　B. 法律法规不健全　　　C. 不受法律约束　　　D. 没有制度

4. 自媒体最大的好处是（　　）。

A. 变现　　　　　　　B. 出名　　　　　　　C. 提升自己　　　　　D. 建立人脉

5. 作为学生，应该首先注重（　　）。

A. 变现　　　　　　　B. 出名　　　　　　　C. 提升自己　　　　　D. 建立人脉

6. Adobe Photoshop 是一种（　　）。

A. 图像处理软件　　　　　　　　　　　　B. 视频编辑软件

C. 内容排版软件　　　　　　　　　　　　D. 音频编辑软件

7. Adobe Premiere 是一种（　　）。

A. 图像处理软件　　　　　　　　　　　　B. 视频编辑软件

C. 内容排版软件　　　　　　　　　　　　D. 音频编辑软件

8. 问卷星可以用来（　　）。

A. 图像处理　　　　　B. 视频编辑　　　　　C. 问卷调查　　　　　D. 制作动图

9. 如果要制作一款推广宣传的 H5 广告，可以使用（　　）。

A. 百度脑图　　　　　B. 易企秀　　　　　　C. Audition　　　　　D. 石墨文档

二、简答题

1. 自媒体与传统媒介相比，有哪些优势？

2. 自媒体的好处有哪些？

3. 常用的内容排版工具有哪些？

4. 作为学生，要如何做自媒体？

5. 自媒体存在的问题有哪些？

三、操作题

选一个自媒体平台，注册账号，尝试发布自己原创的内容。

参 考 文 献

[1]李贵洪.大学计算机应用基础(Windows 7 + Office 2010)[M].北京:北京邮电大学出版社,2013.

[2]宁蒙.计算机应用基础[M].北京:语文出版社,2014.

[3]尚庆生.计算机应用基础[M].北京:科学出版社,2014.

[4]傅连仲.计算机应用基础(Windows 7 + Office 2010)[M].北京:电子工业出版社,2014.

[5]许晞.计算机应用基础[M].北京:高等教育出版社,2007.

[6]眭碧霞.计算机应用基础任务化教程[M].北京:高等教育出版社,2013.

[7]顾震宇,杨浩.计算机应用基础[M].武汉:武汉大学出版社,2014.

[8]王津.计算机应用基础[M].2 版.北京:高等教育出版社,2011.

[9]黄桂林.案例教程 Word 2010 文档处理[M].北京:航空工业出版社,2012.

[10]张青,何中林,杨族桥.大学计算机应用基础教程(Windows 7 + Office 2010)[M].西安:西安交通大学出版社,2014.

[11]文定清,晁素红.计算机应用基础[M].北京:北京邮电大学出版社,2016.

[12]蔡媛.计算机应用基础[M].北京:电子工业出版社,2017.

[13]顾振宇.计算机应用基础[M].北京:北京理工大学出版社,2011.

[14]罗显松.计算机应用基础(第二版)[M].北京:清华大学出版社,2012.

[15]王静波,赵韶回.计算机应用基础实训指导[M].北京:清华大学出版社,2017.

[16]陈建军.计算机应用基础(第三版)[M].北京:高等教育出版社,2014.

[17]武文芳.计算机应用基础[M].北京:中国铁道出版社,2014.

[18]郭凤.计算机应用基础[M].北京:北京时代华文书局,2014.

[19]曾焱.Word/Excel/PPT 从入门到精通[M].广州:广东人民出版社,2019.

[20]鄂卫华.零基础 Word/Excel/PPT 商务办公三合一[M].北京:电子工业出版社,2017.